GAOFENZI XUNHUAN
KEXUE YU JISHU

高分子循环科学与技术

廖望◎著

U0913265

中国环境出版集团·北京

图书在版编目（CIP）数据

高分子循环科学与技术 / 廖望著. -- 北京 : 中国环境出版集团, 2025. 8. -- ISBN 978-7-5111-6344-8

Ⅰ. TB324

中国国家版本馆 CIP 数据核字第 20255816EE 号

责任编辑 张 佳
封面设计 庄 琦

出版发行 中国环境出版集团
（100062 北京市东城区广渠门内大街 16 号）
网 址：http: //www.cesp.com.cn
电子邮箱：bjg1@cesp.com.cn
联系电话：010-67112765（编辑管理部）
010-67112738（第六分社）
发行热线：010-67125803，010-67113405（传真）
印 刷 北京鑫益晖印刷有限公司
经 销 各地新华书店
版 次 2025 年 8 月第 1 版
印 次 2025 年 8 月第 1 次印刷
开 本 787×1092 1/16
印 张 10.5
字 数 180 千字
定 价 60.00 元

【版权所有。未经许可，请勿翻印、转载，违者必究。】
如有缺页、破损、倒装等印装质量问题，请寄回本集团更换。

中国环境出版集团郑重承诺：
中国环境出版集团合作的印刷单位、材料单位均具有中国环境标志产品认证。

前　言

Preface

新质生产力对学科发展和人才培养的新要求

生产力，也称为“社会生产力”或“物质生产力”，是一个经济学概念，它指的是人类在生产过程中把自然物改造成适合自己需要的物质资料的力量。生产力体现了人类在生产实践中利用自然、改造自然、创造财富的能力，是生产过程中人与自然的关系。生产力是人类社会存在和发展的基础，是推动历史前进的决定性力量。

中华人民共和国成立以来，历任党和国家领导人都高度重视科技发展对社会生产力的推动作用。毛泽东同志提出“不搞科学技术，生产力无法提高”。邓小平同志也提出了“科学技术是第一生产力”的重要论断。

2024年6月1日，《求是》杂志发表了习近平总书记的重要论述——《发展新质生产力是推动高质量发展的内在要求和重要着力点》。习近平总书记强调了“新质生产力本身就是绿色生产力”，须“构建绿色低碳循环经济体系”，并指出，“要根据科技发展新趋势，优化高等学校学科设置、人才培养模式，为发展新质生产力、推动高质量发展培养急需人才”。

高水平大学是人才培养的高地，是科技创新的源头之一。党中央、国务院历来高度重视高水平大学的建设。在总结既往发展经验的基础上，国务院于2015年10月公布了《统筹推进世界一流大学和一流学科建设总体方案》（简称“双一流”建设）。以5年为一个建设周期，通过动态调整，稳步推进我国高等教育质量的跨越式发展。

在“双一流”建设方案中，关于如何提升高校科学研究水平，提出的要求包括“以国家重大需求为导向”“为经济社会发展和国家战略实施作出重要贡献”“加强学科布局的顶层设计和战略规划”等。强调科技成果的转化，强调“深化产教融合，将一流大学和一流学科建设与推动经济社会发展紧密结合，着力提高高校对产业转型升级的贡献率，努力成为催化产业技术变革、加速创新驱动的策源地”。

在人才培养方面，基于“立德树人”，突出了培养“富有创新精神和实践能力的各类创新型、应用型、复合型优秀人才”“加强创新创业教育”“合理提高高校毕业生创业比例，引导高校毕业生积极投身大众创业、万众创新”。由此可见，学以致用，且创造性地运用所学知识，是人才培养的方向。

一流学科的设置，是支持国家重大需求的，是具有引领性的，是让创造型人才脱颖而出的。它既可以是既有学科的发展与调整，也可以基于环境的变化和科技的发展而诞生。

高分子科学诞生至今经历了约一百年，创造出诸多新型材料，作为全球产量第一的物质材料，极大地促进了各种装备的提质和人们生活水平的提高。此外，高分子科学是与物理、化学、化工、材料等学科紧密联系的交叉型、实践型科学。然而，海量的高分子制品也带来了巨大的资源、环境、健康问题。高分子科学也到了必须做到内容与新时代要求协调发展的关键时期。

本书以促进绿色生产力的形成为引领，以一流学科建设和人才培养为目标，探讨“高分子循环”这一学科建设的重要性、迫切性与意义。

廖　望

西华大学·理学院

四川省成都市红光大道9999号

目　录

Contents

第 4 篇 高分子循环科学与技术的现行体系

第 5 篇　高分子循环学科：交叉、复合型人才培养体系

第 1 篇

高分子材料的国民经济属性与战略价值

1　高分子材料的工业化进程与时代特征

1.1　高分子材料的起源与兴盛

高分子是大量的小分子重复单元以共价键结合在一起，形成的链式、支化或网络结构的大型分子，与人类有着相当长的渊源，如来源于自然界的高分子（如棉、麻、毛、丝等）很早就被人们用来织布、结网。人类对天然高分子的再加工，如硝化、硫化等，也随着化学学科的进步而逐渐开展。直到 1920 年，赫尔曼·施陶丁格（Hermann Staudinger）划时代的论文《论聚合》发表[1]，人们才以科学的视角系统建立一门新的学科，进而开发出合成各种已知或未知高分子的技术。

高分子与小分子之间的典型差异是高分子由长长的链状物质构成，分子链之间的缠结和相互作用，让合成材料具有明显的柔韧性、弹性等特性。高分子科学从建立至今，经历了学科快速发展和材料大量生产的重要阶段。高分子材料逐渐成为塑造现代文明的重要基石，改变了人类的生产、生活方式。从物质的总产量和总用量角度来看，人类经历了石器时代、青铜时代、铁器时代后，从 20 世纪起进入了“高分子时代”——整个高分子材料行业成为全球经济的重要产业，贡献了大量就业机会和国内生产总值（GDP）。2021 年，全球塑料年产量接近 4 亿 t。而橡胶产业支持全球轮胎生产，奠定了包括汽车、航空工业等在内的材料基础。

分类是深入理解高分子材料功能化应用的基础，给人们提供一套系统而全面的视角来审视这一广泛而复杂的材料体系。根据化学结构、物理性质、来源及用途的不同，高分子材料可以被系统地划分为多个类别。

以性能和应用领域分类，高分子材料可以被分为塑料、橡胶、纤维、涂料和黏合剂、功能高分子材料五大门类，这也是被采用得最广泛的分类方式。

从化学结构与热行为的角度来看，高分子材料可以分为热塑性高分子、热固性高分子和弹性体三大类。热塑性高分子，如聚乙烯（PE）、聚丙烯（PP）、聚苯乙烯（PS）等，其分子链呈线性或支化结构，无化学交联，因此，通过物理加热可以反复熔融重塑，所以称为“塑料”。这类材料被广泛应用于包装、日用品等领域。对应的热固性高分子，可在固化后形成三维交联网络，不可二次加工，如环氧树脂、酚醛树脂，它们以耐热性强与机械强度高而著称，常用于电子封装、复合材料基体。弹性体则兼具橡胶态的高弹性和塑料的加工性，如硅橡胶、聚氨酯（PU），在汽车密封件、医用导管等领域发挥着不可替代的作用。

而塑料基于其性能差异，又被分为通用塑料和工程塑料两大类。通用塑料以低成本、高产量为特征，如五大通用塑料——PE、PP、聚氯乙烯（PVC）、PS、聚对苯二甲酸乙二醇酯（PET），它们占据了全球塑料产量的 70%。工程塑料则具有高强度、耐热或耐腐蚀等特性，如聚碳酸酯（PC）、聚甲醛（POM），被广泛应用于机械零部件、电子器件制造等领域。以上都是人们日常生活中所见所及的高分子品类。而功能高分子则具备光、电、磁等特殊性能，如导电聚合物（聚苯胺）、形状记忆高分子等，它们在传感器、智能材料等高精尖设施设备中得到应用。

按来源看，高分子材料分为天然高分子、合成高分子和生物基高分子。天然高分子，如纤维素（木材、棉花）、蛋白质（蚕丝、胶原蛋白）和天然橡胶，其可再生性优势显著，但性能稳定性相对较差。合成高分子是通过化学聚合制备而成的，如 PET、聚酰胺（尼龙），其性能可以精准调控，因此占据了现代高分子材料总量的 90% 以上。近年来，以生物质为原料合成的高分子，如聚乳酸（PLA）、聚羟基脂肪酸酯（PHA）等，由于兼具可降解性与低碳属性，成为高分子材料中的新星。

高分子材料的功能化应用对现代工业体系产生了深刻的重塑作用，其战略价值体现在多个维度，最重要的是经济驱动能力。2022 年，全球高分子材料产业规模已超过 1.5 万亿美元，这一庞大的产业规模直接关联着制造业、能源与消费领域，成为支撑国民经济发展的“隐形支柱”。高分子材料的广泛应用不仅促进了相关产业的繁荣发展，还带动了就业和经济增长，其经济价值不言而喻。另外，技术创新和可持续发展两个重要维度也推动了高分子材料的生产和更新换代。从通用塑料到功能高分子，材料性能的持续突破为电子产品的微型化、新能源的高效化、医疗设备的精准化等未来方向提供了有力支撑。

1.2　高分子工业的重要发展阶段

1.2.1　石油化工崛起与高分子工业的黄金时代（1950—1970 年）

第二次世界大战后，石油化工技术的突破与廉价石油供应为高分子材料的爆发式增长提供了双重驱动力。1953 年，德国化学家卡尔·齐格勒（Karl Ziegler）与意大利化学家居里奥·纳塔（Giulio Natta）开发出齐格勒–纳塔催化剂，实现了 PE 和 PP 的立体规整聚合。这一技术使聚烯烃材料的力学性能和加工效率得到大幅提升，且成本大幅下降。

随着高分子科技的进步，五大通用塑料（PE、PP、PVC、PS、PET）相继实现工业化量产，并衍生出工程塑料（如 PC、POM）、弹性体（如丁苯橡胶 SBR）和纤维（如聚酯纤维）等细分品类。以 PVC 为例，其耐腐蚀性与低成本使其在建筑管道、电线绝缘等领域迅速取代金属材料。1970 年，全球塑料年产量突破 3 000 万 t，年均增长率达 15%，高分子材料成为继钢铁、水泥之后的第三大基础材料[2]。

这一时期，石油化工基地的集中建设（如美国墨西哥湾、德国鲁尔区）是推动高分子产业链垂直整合的重要方式。而跨国企业（如陶氏化学、巴斯夫）通过技术垄断与资本扩张，主导全球市场。与此同时，亚洲快速发展的经济体，如日本，通过“技术引进—消化—创新”模式，在聚烯烃催化剂和加工设备领域实现突破。三井化学、东丽公司抓住发展机遇跻身全球前列。这一时期的工业化特征体现为“规模经济优先”，通过大规模连续化生产降低边际成本，人们欢呼雀跃地大规模使用高分子制品，生活水平不断提高，但这一阶段高分子材料生产与使用后的环境外部性问题并未受到关注。

1.2.2　环境觉醒与高分子工业的转型压力（1980—2000 年）

从 20 世纪 80 年代开始，高分子材料的负面效应逐渐明显。1987 年，美国“莫比尔号”货轮在阿拉斯加海域泄漏大量聚乙烯包装袋，引发公众对“白色污染”的激烈批判。在 20 世纪 80—90 年代的中国，白色塑料垃圾围城成为大城市的“标配”。自然环境中的塑料，受紫外线和微生物影响会逐步“崩裂”成越来越小的碎片、颗粒。学术界也证实，海洋中的塑料碎片可通过食物链富集有毒物质（如多氯联苯），威胁生态安全。环境压力开始促使整个行业思考由“扩张型”向“责任型”转型。

在技术路径的环保化探索中，可降解材料应运而生。如在1991年，意大利Novamont公司就推出了淀粉基塑料Mater–Bi[3]，这种材料在堆肥条件下能够在6个月内降解，尽管其在环保方面具有显著优势，但其力学性能与成本方面仍难以与传统塑料相竞争。与此同时，回收技术也在发展和推进。同年，德国建立了绿点（Der Grüne Punkt）双轨制回收系统[4]，通过实施“生产者付费”机制，推动了PET瓶回收率的明显提升。轻量化设计也被认为是体现环保目标的手段之一。汽车中采用玻纤增强聚丙烯（GFPP）替代金属部件，实现了减重，对降低燃油消耗与减少碳排放大有裨益。

在政策方面，1994年，欧盟颁布了《包装与包装废弃物指令》，要求成员国建立塑料回收体系。美国国家环境保护局（EPA）将部分增塑剂列入有毒物质清单，限制其在儿童用品中的使用。这些政策倒逼企业改进生产配方和工艺。但技术的突破尚滞后于政策所提要求，行业进入了合规成本攀升和利润空间压缩的状态。

1.2.3　可持续发展与高分子工业的战略重构（2000年至今）

进入21世纪，随着气候变化与资源短缺问题的日益凸显，高分子材料的可持续发展被推向了核心议程。2015年，联合国《巴黎协定》的签署为全球设定了明确的温控目标，这一目标要求材料工业，尤其是高分子工业，必须加速脱碳化转型，以适应全球环境保护的新要求。同年，艾伦·麦克阿瑟基金会适时提出了“新塑料经济”倡议，这一倡议倡导从传统的线性经济模式向循环经济模式过渡，为高分子工业的可持续发展明确方向。

在生物基与可循环材料的研发领域，这一时期的创新突破日趋明显。例如，Braskem公司利用甘蔗乙醇成功生产出生物聚乙烯、聚丙烯，其碳足迹较石油基来源降低了70%[5]，为减少温室气体排放提供了思路。此外，物联网（IoT）与区块链技术开始应用于废弃物的溯源，如荷兰Circularise公司开发的数字护照系统，能够实时追踪塑料从生产到再生的全流程数据，提高了废弃物管理的透明度和效率[6]。

在国家战略与产业政策层面，高分子循环产业也得到了前所未有的重视和支持。中国“十四五”规划将高分子循环纳入战略性新兴产业，并计划到2025年将再生塑料产量提升至 3 000 万 t/a，体现出中国对高分子循环产业的高度重视。欧盟则通过《绿色新政》中的碳边境调节机制（CBAM）对进口塑料制品征收碳税，以此推动全球供应链的绿色化转型。

在企业方面，众多跨国巨头积极响应可持续发展号召。如可口可乐公司承诺 2030 年实现包装 100% 可回收，陶氏化学投资 20 亿美元建设“零废弃”生产基地等，这些举措都推动了整个行业向着更加环保、可持续的方向发展。

2　高分子产业与国民经济发展的耦合机制

2.1　高分子生产——国民经济发展的重要支柱

高分子产业作为现代工业体系的重要组成部分，与国民经济的多个部门形成深度嵌套关系。这种协同效应不仅推动经济总量增长，更促进产业结构升级与资源配置效率提升。自 1945 年第二次世界大战结束，尽管地区性冲突不断，但伴随许多国家独立或新成立，从全球视角来看，世界进入了以发展为主要议题的时期。分析中美两国的发展历程，可揭示高分子产业在经济社会中的作用。

作为全球经济的核心支柱，中美两国的代表性首先体现在其庞大的经济规模与持续增长动能。根据 2023 年数据，美国 GDP 约为 27 万亿美元，中国约为 18 万亿美元，两国合计已超全球经济总量的 40%。更为关键的是，过去 10 年间，中美对全球经济增长的贡献率超过 50%，其经济波动直接影响国际贸易、投资与大宗商品价格。这种体量优势不仅巩固了两国在全球经济中的“系统重要性”，更使其成为跨国企业布局的核心市场。

面对气候变化、能源转型等跨国议题，中美的行动选择具有决定性意义。两国碳排放总量约占全球的 40%[7]，两国的新能源政策（如中国的“双碳”目标与美国的《通胀削减法案》）对《巴黎协定》的实施进程影响深远。在数字经济领域，双方围绕数据跨境流动、数字货币监管的规则博弈，将深刻影响全球经济治理体系的演进方向。

2.1.1 中国

在第二次世界大战中，中国是损失最大、贡献最多的国家之一。1949 年中华人民共和国成立后，整个国家重启了经济建设，这个过程中也不乏战争和政治运动的干扰。基于世界银行提供的数据（图 1-1），1960—1980 年，以万亿美元为单位的尺度上，GDP 并没有明显的改变。1978 年的中国，标志性事件是“改革开放”，随后，中国的社会经济逐步发生深刻的变化。

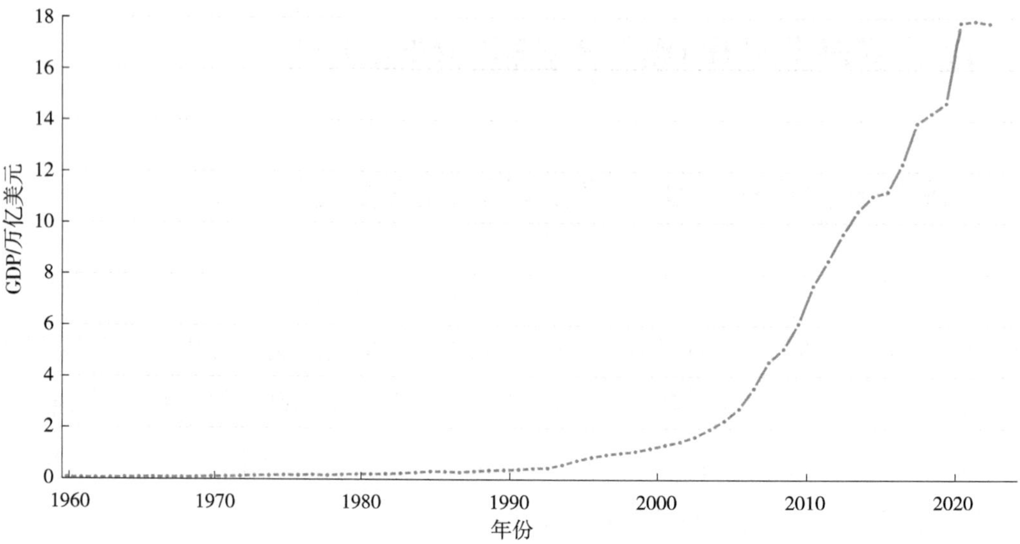

图 1-1　中国 GDP

数据来源：世界银行。

以典型经济发展特色进行阶段划分，新中国的第一个经济阶段可以认为是 1949—1978 年。1949 年中华人民共和国成立后，为迅速构建工业体系，中国选择效仿苏联模式发展计划经济。在此框架下，高分子工业作为化学工业的战略分支，其技术基础与产业布局均呈现出显著的路径依赖特征。20 世纪 50 年代苏联援建的“156 项”重点工程中（最终施工建设 150 项），化学工业占 7 项[8]，吉林化学工业公司与兰州化学工业公司的投产，标志着合成橡胶（丁苯橡胶）和聚乙烯技术的引入。这些项目不仅填补了国内在高分子材料领域的空白，更通过技术转移建立起高分子材料的初级生产体系。然而，1960 年中苏关系破裂后，技术引进中断倒逼我国自主创新，北京胜利化工厂

（燕山石化）生产的顺丁橡胶与上海天原化工厂的聚氯乙烯取得突破，显示出“自力更生”政策下技术本土化既受限于苏联遗留设备的陈旧性，又能孕育出适应性改良的能力的双重性。

在计划经济体制下，我国高分子工业的发展严格遵循国家战略需求导向。一方面，其产能优先服务于国防与重工业。如合成橡胶被用于军用轮胎制造，酚醛树脂支撑电子设备绝缘材料生产。1964 年启动的“三线建设”进一步将化纤产业（如四川维尼纶厂）向西南内陆迁移，既实现战略防御布局，又带动区域轻工业原料供给。另一方面，民生领域的高分子材料的广泛应用受到严格限制。对于塑料日用品，仍然长期实行配给制，是计划指令无法精准匹配市场需求的结构性矛盾的表现之一。这种“军工优先、民用滞后”的格局，反映了计划经济时期资源分配的刚性特征。

尽管在当时存在体制约束，高分子工业仍对国民经济产生重要影响。从替代效应看，PVC 管道开始进入传统铸铁管居于统治地位的城市供排水系统，大幅降低了建设成本。合成纤维（如涤纶）产能提升，将纺织业对棉花的依赖度大幅降低，提升了产业安全性，加速了纺织机械化进程。在节约外汇层面，合成橡胶产量从 1958 年的 0.2 万 t 增至 1978 年的约 10 万 t[9]，显著减轻了轮胎的进口依赖度，缓解了外汇储备压力。值得注意的是，这一时期形成的煤化工技术路线（电石法 PVC、煤制合成氨），尽管能效低且污染严重，却为改革开放后引进石油化工技术提供了关键参照系，展现出技术演进中的历史连续性。

当然，这一时期高分子工业的发展始终受制于技术瓶颈与低效生产。苏联援建设备多停留在 20 世纪 50 年代水平，如聚乙烯生产普遍采用高压法工艺，能耗较低的低压法没有得到广泛采用，且产品单一，难以满足多样化需求。到 1978 年，中国合成树脂人均产量约 0.7 kg[10]，仅为同期美国的 1/50，暴露出在这一阶段内技术迭代能力的明显不足。更深层的问题在于，计划体制对创新的激励是远远不够的。

计划经济时期的行政壁垒是导致产业发展不均衡的又一因素。原料调配会受制于地方保护主义，关键中间体跨省流通的阻力会相应地阻碍规模化生产优势的形成。更严峻的是，以煤化工为主导的技术路线为经济社会的发展埋下了环境隐患。以电石法生产 PVC 时，会附带产生大量的电石废渣，但因环保监管缺失等原因，污染问题被忽视。20 世纪 70 年代后，国家先后对长江、黄河等水系和大型水库等做了污染调查。各河流水系调查得出的结果存在的共性显示，三大污染源中有两个（石油工业、化学工业）是高分子工业的上游或直接相关工业。有的高分子制品在生产过程中也产生毒害，经调查，生产 PVC 车间工人的肝脾损伤程度高，个别严重的只能作切除处置[11]。

纵观 1949—1978 年中国高分子工业的发展历程，其成就与局限性皆具典型意义。在技术层面上，苏联模式的短暂红利与后续断档，警示后人核心技术必须自主可控。在产业层面上，计划指令与市场需求的脱节预示了市场化改革的必然方向。值得注意的是，20 世纪 70 年代引进 13 套大型化肥装置的决策，显示出技术路线转型的端倪，即从煤化工向石油化工的过渡，实为改革开放后产业升级的前奏。

这段工业发展史表明，任何工业体系的可持续发展，必须实现技术创新机制与资源配置方式的双重突破。高分子工业的早期探索，既是中国工业化原始积累的缩影，也为理解计划经济向市场经济转型提供了实证案例。

中国具有显著特色的经济发展的第二阶段可视为 1978—2000 年，由“改革开放”推动经济起飞。改革开放初期，中国高分子工业的首要任务应是突破计划经济时期的技术锁定。于 1973 年启动的“四三方案”为关键转折奠定了基础——通过引进 13 套大型化肥装置和 5 套乙烯装置（如燕山石化 30 万 t 乙烯项目），我国开始从煤基向石油基工业原料路线的战略转型。截至 2000 年，乙烯产能年均增速达 11.2%[12]，其扩张速度远超同期 GDP 增长率。这种转型通过三重效应重构了产业格局：首先，生产工艺的进步使树脂生产成本下降，推动塑料制品价格平民化；其次，新材料、新技术陆续被引入，助力家电、包装等下游产业的发展；最后，中外合资模式（如中国石化与英国石油公司的合作等）促使企业管理从计划指令向市场导向转变。技术引进形成了产业发展的“蛙跳效应”，为中国融入全球化工体系奠定了基础。

随着价格双轨制逐步取消，高分子工业的供需关系发生根本性变革。1984 年乡镇企业政策松绑后，长三角、珠三角涌现出数以万计的塑料加工企业，形成了从国有大型石化企业提供原料到乡镇企业建设加工终端的垂直分工网络。至 2000 年，这类企业已经成为全国塑料日用品的生产主力军，其灵活的运营机制与低成本优势，使中国成为全球塑料制品代工中心。在这一发展阶段，1992 年邓小平“南方谈话”的影响加速了外资涌入[13]，化纤纺织品出口额也随之激增，通过“进口树脂—加工出口”的循环，不仅缓解了原料短缺压力，更使中国在全球化纤贸易中的地位明显提升。市场机制激活的“鲶鱼效应”，重塑了高分子工业的竞争生态。

高分子材料的普及更是深刻重构了国民经济运行逻辑。在需求侧，塑料制品从计划经济时期的“奢侈品”转变为生活必需品，人均消费量成倍增长。农用地膜使用量从 1994 年的约 89 万 t 增加至 2000 年的 125 万 t，助力实现了粮食连续 10 年增产[14]。在供给侧，其产业关联效应呈指数级扩散。以 ABS 树脂为代表，从投产时（1975 年）的 2 000 t/a 增加至 1996 年的 68 000 t/a[15]，有力地支撑起家电产品的全球拓展。同时也应注意到，高分子工业的上下游产业链（石化—加工—销售）创造了更多的就业岗位，尤其是通过乡镇企业吸纳劳动力，成为农村工业化的重要载体。这种供需互动，标志着中国经济从“短缺型”向“过剩型”的结构转型。

高分子工业的空间聚集特征也受到国家战略的影响，尤其是“沿海优先”的导向。七大石化基地（如茂名、齐鲁等）沿东部海岸线布局，至 2000 年，长三角、珠三角集中了全国最多的化纤和塑料加工产能，形成“临港石化—产业集群—出口加工区”的地理耦合。这种布局降低了物流成本，却会影响区域发展的差距。相较之下，中西部地区以低附加值原料生产为主，而东部通过嵌入全球价值链获取技术溢出。这一时期，技术依赖问题日益凸显。聚乙烯催化剂长期依赖进口[16]，专利费用推高生产成本，暴露出“以市场换技术”策略的局限性。

此外，高分子产业扩张的生态代价在 20 世纪末已难以忽视。1995 年，我国城市生活垃圾已超出 1 亿 t，且以每年 8%～10% 的增长率在增加。全国大型城市都已出现了程度不同的垃圾围城。我国地膜在 2000 年的使用量约为 100 万 t，按 1/3 残存在土壤中计算，约有 45 000 km^2 面积的地膜残存在土壤中（相当于甘肃省的土地面积）。更严峻的是结构性矛盾，通用塑料产能利用率不足，而五大工程塑料还有产能空白，基本依赖进口[17, 18]。上述“高消耗—低效益”模式，本质上是粗放型增长路径的延续。环境库兹涅茨曲线在此时期是失效的，只能说明，单纯依靠市场机制无法内化污染成本，制度性监管缺失使可持续发展目标的落实面临极大挑战。

1997 年亚洲金融危机成为检验产业韧性的试金石。由于过度依赖出口市场，化纤行业在 1998 年陷入全行业亏损，产能利用率大跌。此次危机暴露出高分子行业中的两个深层次问题：其一，低端锁定使企业议价能力薄弱，国际油价波动可直接传导至利润空间；其二，技术路径依赖导致创新投入不足，研发强度长期较低。基于此，这场危机也催生了产业调整的契机。1999 年，由中央政府补贴、各省（区、市）分别实施的重点企业技术改造项目，推动了大型石化类企业向高附加值产品转型，为加入世界贸易组织后的全面开放打下基础。

第三个发展阶段可以看作 2001 年至今，尤其是在 2001 年中国加入世界贸易组织（WTO）以后，融入了全球经济体系，极大地激发了中国经济发展的活力。中国高分子工业通过深度嵌入全球价值链，实现了从被动承接向主动主导的质变。合成树脂进口依存度从过半降至约两成的背后[19,20]，是民营资本主导的炼化一体化突破。在发展过程中，仅用 5 年时间，就实现对二甲苯（PX）自给率提升 38%[21]，逐步摆脱了“原油买得进、芳烃产不出”的困局。与此同时，下游高附加值环节的升级更为显著。光伏 EVA 胶膜复合年增长率超过 20%，对外依存度显著下降[22,23]，锂电隔膜市场占有率超 80%[24]，这些都是中国从“世界工厂”向“系统集成者”转型的标志。通过“上游自主化、下游高端化”的双轨突破，中国重构了全球高分子产业的权力格局。舟山、惠州等基地通过“原油—芳烃—聚酯”全链布局，确立了涤纶产品的定价优势，也形成对东南亚纺织业的虹吸效应。

在“自主可控”战略引领下，中国高分子工业也实现了从模仿创新向原始创新的范式转换。自主研发强度显著提升，表现为三大突破路径。第一，特种材料，尤其是在国产新型、大型装备上，本土研发生产的高性能高分子复合材料的比例显著提升。第二，工艺革新，先进工艺的采用对新能源汽车等发展起到助推作用。第三，数字赋能，如万华化学通过 AI 筛选反应配方和设计催化剂，显著地降低了生产周期和能耗[25]。通过“材料—工艺—管理”的协同创新，中国的技术追赶步伐显示出“蛙跳式”特征。

高分子材料的战略价值在新兴产业爆发期得到充分释放，成为经济结构优化的核心支点。例如，在新能源领域，中国通过光伏材料高端化战略及产业集群建设，推动 POE 胶膜国产化率突破 50%，而在市场端，POE 胶膜凭其耐候性强等优势主导技术，带动产业扩容[26]。在高端装备方面，中国商飞 C929 宽体客机主体结构的复合材料应用占比将超过 50%，对标空客 A350 和波音 787[27]，碳纤维国产化也可明显降低单机成本。在消费升级维度，生物可降解塑料产能扩大，加速了外卖包装的绿色转型。高分子材料为战略性新兴产业的发展提供物质基础，其乘数效应显著高于传统产业。

在中美技术脱钩背景下，高分子工业需要面对“攻防转换”的双向挑战。在技术防御端，以光刻胶为代表的产品，国产化率明显不足，暴露出材料领域仍然有“卡脖子”风险 [28]。在规则博弈端，欧盟碳关税（CBAM）将使化纤出口成本增加 [29]，倒逼中国碳足迹核算体系加速建设。与此同时，相关企业可通过产能输出构建集体反制能力，以实现技术突围、规则适应和产能外溢，塑造中国在全球化竞争中的新范式。

2.1.2　美国

第二次世界大战让亚欧大陆国家饱受战火摧残，却给美国带来了难得的发展机会。第二次世界大战结束后，美国主导了世界格局。1991 年苏联解体后，美国成为世界头号经济和军事强国。图 1-2 为基于世界银行数据绘制的美国 GDP 变化趋势（1960—2023 年），仅有在 2008 年国际金融危机和 2020 年新冠疫情两个重大的全球事件影响下略有下降，其他年份（包括对外战争期间），美国的经济总量保持持续增长，其经济发展历程值得系统回顾。

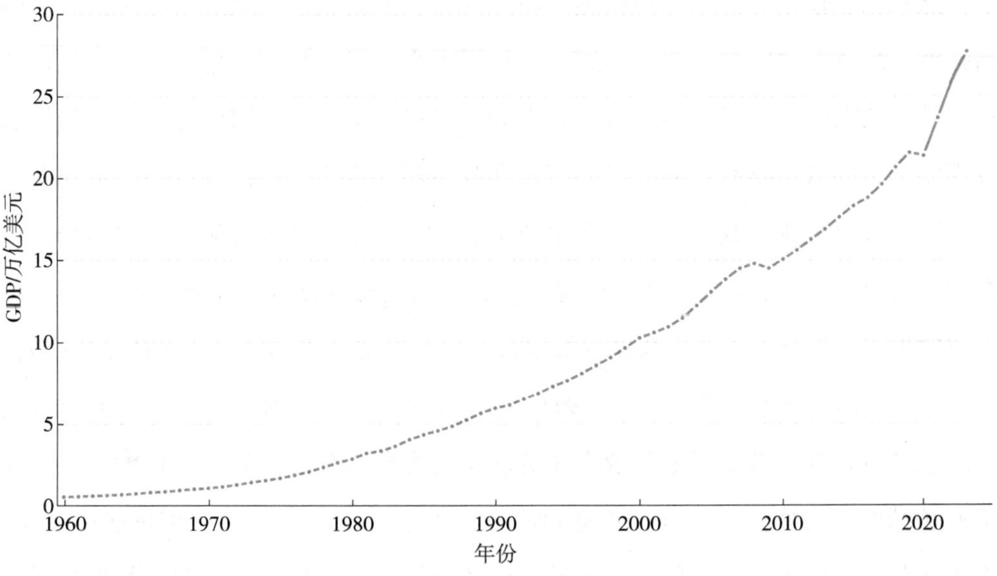

图 1-2　1960—2023 年美国 GDP 变化趋势

数据来源：世界银行。

从第二次世界大战结束至 20 世纪 70 年代初（1945—1973 年），以西方资本主义国家经济高速增长、社会福利制度完善、科技快速进步和全球化进程加速为特征，被视为资本主义发展史上最繁荣的阶段之一，1950—1973 年也被称为“资本主义的黄金时代”。美国作为西方国家的“领头羊”，其高分子工业对国民经济发展的促进作用具有典型特征。

第二次世界大战后美国高分子工业的崛起，根植于战时军事需求的倒逼与技术积累。1942 年东南亚天然橡胶供应中断后，由政府主导的合成橡胶计划迅速地将产能恢复，丁苯橡胶（SBR）技术为此后民用化奠定基础。与此同时，杜邦公司的尼龙纤维从仅用于军用降落伞逐步推广到民用纺织品（如丝袜、背包等），是高分子材料从战略物资向大众消费品转型的典型范例。1950 年，美国国会通过《国家科学基金会法案》，将高分子科学纳入优先资助领域，企业研发投入也明显增多，进一步强化了军事至民用技术扩散的制度化路径。这一阶段的技术储备与政策支持，为美国高分子工业的爆发式增长储存了初始动能。

20 世纪 50—60 年代，催化技术突破与新材料开发成为高分子工业扩张的核心引擎。1953 年齐格勒 - 纳塔催化剂的问世，降低了聚乙烯和聚丙烯的工业化生产门槛，推动了塑料从奢侈品向大宗商品转型。与此同时，聚碳酸酯、聚对苯二甲酸乙二醇酯等高强度、高透明材料的商业化，进一步扩展了高分子材料应用场景。从食品包装到汽车部件，从电子绝缘层到建筑管道，高分子材料逐步渗透至国民经济各个领域。在此过程中，美国依托墨西哥湾沿岸的石油资源与产业集群优势，实现了乙烯原料价格大幅下降，形成全球最具竞争力的石化产业链[30]。技术创新与资源红利的结合，使美国在这一时期的高分子制品的产量迅速扩大，占据全球主要市场份额。

总的来说，高分子工业的快速发展通过三重机制促进美国国民经济的增长。首先，高分子工业产值扩张形成的“增长极效应”。高分子工业（含塑料、橡胶、纤维等大门类）的总产值跃升，带动了上下游产业链的协同发展。其次，就业的乘数效应。高分子工业领域的直接雇佣人数高，再通过汽车、电子等下游产业进一步拓展就业岗位，形成美国制造业的重要组成部分。最后，对贸易结构的优化。由于美国的高分子制品出口额巨大，成为化工行业贸易顺差的主要来源，也对美元国际地位提供了重要支撑。需要注意的是，高分子材料的替代效应使制造业成本系统性降低。例如，聚酯类材料的密度约为玻璃的一半，成本也更低。当其在汽车等产品上推广后，其轻量化作用进一步提升了燃油效率。成本优势强化了美国制造业的全球竞争力。

显而易见，高分子工业的技术扩散重构了多个产业部门的生产函数。在制造业领域，工程塑料为典型代表，实现汽车的轻量化升级，是支持美国汽车生产大国的重要物质基础。聚酰亚胺等高性能绝缘材料则助力集成电路微型化，助力电子信息产业的高速发展。农业领域借助高分子地膜的广泛使用，显著提升了作物单产，使更为广阔的土地可用于粮食生产，进一步加速农业集约化进程。建筑行业则受益于高分子材料在建材当中的广泛运用（如 PVC 的管道、门窗制品），使住宅建设成本相较于实木、石料与金属大幅下降，支撑战后美国中产阶级的“郊区化”浪潮。通过跨领域协同效应，全要素生产率在这一时期明显增长。

高分子材料通过降低消费品价格与提升耐用性，也成为塑造战后美国消费主义文化的物质载体。例如，聚酯纤维大幅降低服装生产成本，一次性塑料餐具支撑起快餐文化，塑料保鲜膜的推广则与超市连锁业态的扩张紧密相连。在此过程中，政府、企业与科研机构的协同创新机制至关重要。1952 年，美国《专利法》的实施，激励高分子企业的创新创造热情，高分子行业的相关专利申报数量显著提升。制度上的保障，不仅会加速技术商业化，也有助于构建产学研深度融合的创新生态系统。

尽管如此，高分子工业的繁荣开始出现相应的社会成本。例如，氯乙烯单体在被广泛应用后，其致癌性也被确认，此时 PVC 的生产和废弃已经具备一定规模，引发公众对合成材料污染的警惕。1970 年，美国国会创建了国家环境保护局并通过了《清洁空气法案》，由此将治理美国空气污染的权力授予了联邦政府。对于规范化工产业、高分子相关产业的行为效果明显，但会使生产企业增加合规成本，这是“先污染后治理”模式普遍会遇到的困境。更深层次的结构性矛盾在于，这一增长模式高度依赖石油资源。随后的石油危机直接冲击了产业根基。潜在的外部性挑战暗示了技术驱动型经济增长需要平衡效率与可持续性。

1973 年发生的第一次石油危机，引发了化工行业的原料短缺。20 世纪 70 年代，美国经济以“滞胀”为主要特征，经济增长停滞与高通胀并存，传统的财政政策和货币政策未能有效应对。到 20 世纪 80 年代，美国开始推行“里根经济学”——侧重于供给侧经济政策，包括减税和放松管制。20 世纪 90 年代，随着苏联解体，“冷战”以美国的胜利宣告结束。从这时起，互联网的高速发展催生了新的经济繁荣景象。至

2008 年国际金融危机之前，这一时期可以视为“二战”后美国经济发展的第二个时期。

石油危机对高分子工业的冲击显示出产业对石化原料的高度依赖性。原油价格暴涨导致高分子原料（如乙烯）成本飙升，直接威胁了整个高分子材料的生产体系。当然，危机也倒逼行业进行技术创新与结构优化。一方面，新技术、新工艺的不断出现，将使高分子生产过程中的能耗降低、污染减少。另一方面，企业加速开发高附加值产品，如杜邦的凯夫拉®（Kevlar®）纤维，通过军用需求维持其高利润率。尽管 1975 年美国塑料产量下降，但工程塑料（如聚碳酸酯）仍保持增长趋势，支撑汽车轻量化以应对燃油效率压力。这一阶段的调整表明，外部冲击并未使产业根基受到明显影响，反而通过技术分化为后续复苏埋下伏笔。

20 世纪 80 年代里根政府的供给侧政策，为高分子工业注入新的制度动力。美国通过《经济复兴税法》降低了企业拥有者的税率，加速了企业的折旧扣除，促进了生产类企业将税收减免资金投向新产品的研发。例如，杜邦的液晶聚合物（LCP）在这一时期首次亮相，成为高性能纤维材料的代表之一。与此同时，放松管制的政策推动了高分子产业的全球化扩展。陶氏化学在沙特阿拉伯合资建设乙烯厂，利用中东廉价原料对冲本土成本压力。技术—市场协同效应在此时显现。至此，美国高分子工业也实现了从规模扩张向技术—资本双驱动的转型。

20 世纪 90 年代苏联解体后，“冷战”获胜的红利加速了美国的军民技术融合，推动高分子材料向高精尖领域渗透，同时军工技术的民用化释放出巨大潜力。在这一时期，互联网经济的崛起也需要高分子材料的基础支撑。如通信所依赖的光纤，在这一时期已经采用外调制技术，已将传输速率提升至 2.5 Gb/s，无中继传输距离已超过 1.5×10^5 km。环氧模塑料（EMC）成为半导体封装不可或缺的重要材料，它是紧跟半导体技术以及半导体封装技术的发展而来，同时又促进了半导体技术的发展。此时的高分子产业的角色已从基础材料供应商升级为高科技解决方案提供者，其技术标准（如 UL94 阻燃认证）甚至成了全球电子产业链的准入壁垒。

2008 年，美国的房地产泡沫和次贷危机引发了国际金融危机，导致经济下滑和衰退。随后的经济激励政策，使美国经济逐渐恢复增长。直至 2020 年，新冠疫情导致经济停滞。随后，美国政府实施了大规模的经济刺激措施。随着限制的放松，美国经济开始复苏并恢复增长。

在经济危机爆发之前，美国高分子工业的竞争格局因 2005 年的“页岩气革命”引发转变。水力压裂技术的突破使乙烷的产量暴增，美国不但实现了石油和天然气自给自足，还一跃成为石油和天然气的净出口国。同时，随着轻烃产量持续增长，美国成为全球第一大乙烷出口国[31]。新的能源红利使美国保持其高分子材料出口大国的地位。然而，化石能源依赖模式与可持续发展目标形成尖锐矛盾，塑料生产开始成为导致制造业碳排放的重要原因，迫使产业在进一步发展中寻求成本优势与环境责任之间的平衡。

在面对日益增长的环境压力时，美国高分子工业的发展有两条路径可以选择。一是通过化学回收技术的升级不断提升循环效率，大型公司如 Eastman，建成全球最大的聚酯化学循环装置，并加速扩张[32]；二是生物基高分子材料受到更多的关注和发展。在政策层面，美国于 2022 年通过了《通胀削减法案》，为生物塑料提供税收抵免，推动了相关产能的增长。但由于成本劣势与消费者认可程度的滞后，制约了技术成果的市场转化。应当注意的是，这种转型并非线性替代，而是逐步形成由传统石化、生物基材料和循环技术构成的多元体系。

工业 1.0 时代，钢铁是基础材料。在人类社会随后的重大发展中，高分子材料不可或缺。导体和绝缘体（以高分子为主）支撑起了工业 2.0 时代。硅基半导体材料显然是工业 3.0 时代的“明星”，但是少不了大量其他材料（包括已经极大规模应用的高分子材料）共同构建的物质基础。随着人类步入工业 4.0 时代（智能化时代），超级计算机、大数据、人工智能等成为感知、学习、存储、运算、决策的载体，但要支撑这些电子智能体，必须借助更高性能的材料。其中，新型的、高性能的高分子材料不可或缺。高性能的高分子材料具有耐高温、高强高模、高绝缘、耐辐照的能力，典型如聚丙烯腈（PAN——碳纤维的前体）、聚酰亚胺（PI）等高性能树脂，是武器装备性能向超高速、高隐身、高载荷、功能集成跃升的重要原材料，也是商用飞机、车辆、轨道交通、电子电器、核能、石油化工、环保、生物医疗等结构件和功能件的关键原材料。在这些材料及其原料领域，美国严格限制对外出口。

近年来，美国明显依赖三重策略维持其竞争优势：一是推动近岸外包，将高分子产能从中国转移至墨西哥等地；二是实施技术脱钩，联合盟国限制芯片相关材料（如光刻胶）对华出口；三是争夺标准制定权，美国材料与试验协会（ASTM）主导生物基塑料认证以对抗欧盟标准。这些举措使美国在全球产能份额下降的同时，仍能通过高附加值产品维持其技术霸权。

在这一时期，高分子工业仍显示出其作为美国经济支柱的作用。2022 年直接贡献 5 480 亿美元出货量并支撑 100 余万个就业岗位[33,34]，并推动电动汽车等产品持续轻量化。但繁荣背后仍然隐藏着严重的外部性问题。例如，塑料中的激素干扰化学物质对美国的疾病和相关社会成本产生重大影响，仅 2018 年就高达 2 500 亿美元，相当于美国国内生产总值（GDP）的 1.22%[35]。经济—环境的悖论会引发制度反思，同期的典型例子是在 2022 年，加利福尼亚州通过了《塑料污染预防与包装生产者责任法案》（SB 54），要求生产商（塑料包装和食品容器的制造商和销售商）必须对其产品的回收和处理承担财务责任，标志着外部成本内部化的政策转向。

2.2 高分子产业链的协同效应与国民经济结构优化

2.2.1 高分子全产业链分析

高分子产业作为现代工业体系的重要组成部分，其产业链涵盖了从资源开采到回收再生的全生命周期，与国民经济的多个部门形成了深度嵌套的关系。这种紧密的协同效应不仅推动了经济总量的持续增长，更在促进产业结构升级与资源配置效率提升方面发挥了关键作用。

在产业链的上游，资源整合呈现出石油化工与生物质经济的双轨驱动模式。一方面，石油基高分子依托炼化一体化项目，通过原油裂解生成乙烯、丙烯等单体，进而合成聚乙烯（PE）、聚丙烯（PP）等基础材料。以我国为例，2022 年乙烯产能已达 4 376.7 万 t，占亚洲产能的比例已超 50%[36]。这一庞大的产能不仅满足了国内市场需求，还带动了炼油、储运、装备制造等关联产业的协同发展，行业总产值达数万亿元。另一方面，生物质基高分子的发展通过甘蔗、玉米等生物质资源生产聚乳酸（PLA）、生物聚乙烯（Bio-PE）等环保材料，有效地减少了对化石资源的依赖。巴西 Braskem 公司的生物 PE 项目就是一个典型代表，该项目可消纳 200 万 t/a 的甘蔗用于乙醇生产，形成了“农业—能源—材料”的闭环产业链，展现了生物质经济在高分子产业中的巨大潜力。

在中游制造环节，高分子材料的规模化生产显著降低了边际成本，增强了产业的竞争力。以聚烯烃为例，全球前五大企业（如埃克森美孚、中石化、沙特阿美等）凭借技术垄断和规模经济效应，占据了约六成的市场份额。同时，工程塑料（如聚碳酸酯）和功能高分子（如导电聚合物）的研发与创新，推动了产业向高端化、智能化方向转型。中国万华化学在 PC 产能方面的突破就是一个显著成果，在扩能之后达到了 48 万 t/a，打破了国际巨头的垄断[37]。

在下游应用领域，高分子材料的跨行业渗透与消费升级则形成了“材料—产品—服务”的增值链条。在建筑行业，PVC 管道替代铸铁管，不仅使施工成本降低了 30%，还有效推动了城镇化进程。在汽车工业中，轻量化材料（以纤维增强树脂为代表）的应用使单车塑料用量达到 150 kg，提升燃油效率意味着同时为节能减排作出了贡献。在医疗领域，医用级高分子材料的市场规模年增长率达到 12%，不仅满足了临床需求，而且进一步推动了高端医疗器械的国产化进程。

2.2.2　国家政策与产业发展的互动机制

政策引导在高分子产业的发展中起到了至关重要的作用，其影响从产能扩张逐渐转向绿色转型。以我国为例，在产业扶持阶段（2000—2015 年），我国通过《石化产业调整和振兴规划》等一系列政策措施，利用税收减免、土地优惠等手段，有力地推动了炼化产能的扩张。在这 15 年间，我国的乙烯产能实现了 3 倍的增长，为高分子材料产业的快速发展奠定了坚实基础。而进入绿色转型阶段（2015 年至今），随着欧盟《循环经济行动计划》的提出以及我国“双碳”目标的明确，政策导向开始倒逼产业升级，推动产业向更加环保、可持续的方向发展。

我国“禁塑令”的实施，是政策与市场形成协同效应的一个典型。2020 年 1 月，国家发展改革委、生态环境部发布《关于进一步加强塑料污染治理的意见》，既针对多个行业提出禁止、限制一次性塑料用品管制要求，也提出推广应用替代产品、培育优化新业态、新模式和增加绿色产品供给等措施，被称为“史上最严限塑令”。这一政策取得了显著效果。在替代材料方面，PLA 吸管产能在一年内增长了 5 倍，金发科技、丰原集团等企业在全球市场中占据了主导地位。同时，产业链也发生了重构，传统塑料企业纷纷转型再生颗粒生产。这些变化充分展示了政策与市场双轮驱动机制在高分子产业发展中的强大动力。

2.2.3 高分子产业的集群效应与国际竞争

集群效应在推动区域经济发展中发挥着举足轻重的作用，对于高分子产业同样适用。以美国墨西哥湾地区为例，埃克森美孚、陶氏化学等石化巨头的基地在此集聚，形成了强大的产业链协同效应，带动路易斯安那州 GDP 的显著增长，充分展现了产业集群作为区域经济增长极的强劲动力。在我国长三角地区，上海化工区、宁波石化园区等形成了从炼化到材料再到制品的一体化集群。仅上海化工区一地在 2017 年就实现销售收入 1 319.79 亿元，完成工业总产值 1 270.71 亿元，双双破千亿元[38]。产业集群的建设，不仅提升了区域经济的整体竞争力，也促进了产业链上下游的紧密合作。德国鲁尔区凭借巴斯夫、科思创等企业的研发中心与生产基地的联动，成为欧洲工业 4.0 的典范，同样佐证了高分子产业集群在推动区域经济转型升级中的重要作用。

然而，在全球化的背景下，我国高分子产业也面临着激烈的国际竞争。其中，技术垄断是一大挑战，高端工程塑料（如 PI）的全球市场主要由杜邦、宇部兴产等少数企业主导，我国对此类产品的进口依赖度高达 85%[39]，凸显了技术在国际竞争中的核心地位。同时，资源博弈也在加剧，中东国家依托其廉价的石油资源，在聚烯烃等产品的生产中具有显著的成本优势，其聚烯烃生产成本显著低于我国企业。

当前，循环技术成为国际竞争的新焦点，欧盟通过实施“塑料税”等绿色贸易壁垒，迫使出口企业升级回收技术，我国再生 PET 出口就需符合 EuCertPlast 认证，这要求企业在国际市场中不断提升自身的环保技术和标准，以应对日益激烈的国际竞争。

2.2.4 循环经济与碳中和路径对高分子产业的耦合重构

在可持续发展的大背景下，循环经济模式正推动着产业从线性经济向闭环经济转型。生产者责任延伸（EPR）制度的实施是这一转型的重要推手。欧盟要求企业承担包装回收成本的 80%，这一政策压力促使雀巢、宝洁等公司积极设计可回收包装，从而减少了废弃物的产生。同时，化学回收的产业化也为循环经济注入了新的活力。废塑料回收利用公司 Plastic Energy 发布了基于该公司化学裂解技术（TAC）的全新生命周期评价（LCA）。使用 Plastic Energy 的专有技术回收塑料目前可节省高达 78% 的二氧化碳排放（与焚烧和能源回收相比）。随着电网脱碳，这一数字甚至可以增长至 89%[40]。这些举措不仅促进了资源的循环利用，还有效降低了环境污染，是循环经济模式的重要实践。

碳中和目标的提出，进一步推动了技术与政策的协同发展。在生物基材料替代方面，中国石化开发生物航煤技术，以废弃油脂为原料，全生命周期碳减排达到 50%[41]，为航空业提供了低碳、可持续的燃料选择。此外，碳交易机制的建立也为碳中和目标的实现提供了市场手段。2022 年底，中国再生资源回收利用协会组织发布了团体标准《再生塑料　物理回收碳排放量的计算》，成为再生资源碳排放量计算系列标准的重要组成部分，为规范再生塑料物理回收碳排放量的计算提供了科学依据，也使塑料再生利用企业能够通过标准全面梳理自身碳排放情况，明晰企业的碳减排路径，精确量化再生塑料的减碳效果，提出切实可行的工作举措，从而更好地参与未来的碳交易等工作，为“双碳”目标作出应有的贡献。

此外，社会共治在推动循环经济和碳中和路径中也发挥着不可或缺的作用。社区回收网络的建立是提高资源回收率的有效途径。在上海，生活垃圾分类已在 2023 年实现了全覆盖，生活垃圾回收利用率达到 43.2%，资源化利用率达到 86.4%。上海市 97% 的市民已自觉履行分类义务，全市居住小区分类达标率从《上海市生活垃圾管理条例》施行前的 15% 提高到 95%。小区和单位生活垃圾分类达标率稳定保持在 95% 以上[42]。另一代表性案例是，日本通过设立具有强制性的《容器包装再生利用法》，社会各行为主体（市、町、村）有明确的责任与义务分担，在产品生产到资源化处理的全生命周期形成一个稳定的闭环，实现了废塑料瓶的回收再生利用率超过塑料瓶整体销售量的 80%[43]。再如德国的“绿点”标识体系通过引导公众选择可回收包装，有效减少了一次性塑料的消费，降低了环境负担。这些国内外社会共治的措施增强了公众的环保意识，促进了循环经济与碳中和目标的实现。

高分子产业漫长的产业链、庞大的产能和就业群体，与国民经济的发展繁荣深度内嵌。回顾“二战”以来中国、美国的经济发展历程，高分子产业与国民经济的耦合机制呈现出“技术驱动—政策导向—绿色转型”的协同特征。无论是在和平时期还是战争时期，作为大规模原材料和高性能材料，高分子行业始终保持技术创新，并受到政策关注，以促进产业发展。对于通用高分子，有一大部分是提升生活品质的消费品，受经济大环境的影响明显。相关政策的制定，会在促进产业发展和缓解环境压力之间寻求平衡。

展望未来，社会协同也将成为推动高分子产业可持续发展的重要因素。随着公众环保意识的不断提升，可持续消费理念渐入人心，这将形成新的需求侧拉动力，引导产业向更加环保、可持续的方向发展。对于我国而言，面对这一系列变革，强化“政产学研用”的协同合作显得尤为重要。通过协同创新，突破高端材料的“卡脖子”技术，提升产业竞争力。同时，我国还应积极通过“一带一路”倡议完善海外再生资源供应链，构建全球高分子循环产业新生态。

3 小结：高分子材料的战略定位与未来需求

3.1 高分子材料的战略定位：国民经济发展的重要支柱

高分子材料是现代工业体系的基石之一，其战略地位突出，多维度、深层次地渗透并支撑着国民经济的发展。通过历史回溯，我们可以清晰地看到，自 20 世纪初合成高分子问世以来，其工业化进程便与科技创新紧密相连，成为技术驱动与产业变革的重要引擎。从酚醛树脂的初步应用，到聚酰亚胺等高性能材料的成功研发，每一次材料性能的突破都极大地推动了下游产业的革命性进步。如今，高分子材料的研发已经迈入“功能化”与“智能化”的新阶段，导电聚合物在柔性电子中的应用、形状记忆高分子在 4D 打印领域的突破等，正引领着新一轮的科技革命，展现出高分子材料在推动技术进步和产业升级中的核心作用。

高分子产业不仅是技术创新的先锋，更是经济规模与就业拉动的核心载体。在全球范围内，高分子产业除直接贡献了数万亿美元的产值外，还间接带动了能源、制造、消费等关联领域的经济增长，形成了庞大的产业链和市场规模。同时，高分子产业链的垂直整合，从石油炼化到终端制品的各个环节，创造了大量的就业岗位，涵盖了研发、生产、回收等全链条。特别是区域产业集群的形成，更是成为地方经济增长的极点，其产值与就业贡献远超传统工业，充分展现了高分子产业在经济发展中的支柱作用。

在资源安全与可持续发展方面，高分子材料同样扮演着战略保障的角色。随着化石资源的日益枯竭，生物基高分子材料与再生材料技术的进展，开始为资源的替代提供路径。此外，高分子材料的轻量化特性也在节能减排方面发挥了重要作用，以减少能源消耗和碳排放为代表，为全球碳中和目标的实现作出了积极贡献。

3.2　未来需求：技术、政策与市场的三重驱动

高分子材料的未来发展正面临着技术迭代加速、政策约束增强与市场需求升级的多重挑战，其需求演化呈现出多元化的趋势。

在技术需求方面，高性能化、智能化与低碳化成为不可逆转的趋势。在航空航天、新能源等前沿领域，对极端环境材料的需求激增。而智能材料在柔性电子、医疗植入等领域展现出巨大潜力。低碳技术的发展也迫在眉睫。

在政策需求方面，全球化标准与区域化激励正成为推动高分子材料发展的重要力量。国际标准的统一化趋势日益明显。在我国，政策精准化成为关键，在我国“双碳”目标引领下，完善再生塑料税收优惠、生物基材料补贴等政策工具箱变得尤为重要。

在市场需求方面，消费升级与循环经济转型也引领着高分子材料的发展。绿色消费的驱动力日益增强，全球消费者对可持续产品的偏好显著提升。循环经济产业化也在不断推进，再生材料的需求从低端填充料向高端应用扩展。

新兴市场的增长也为高分子材料带来了新的发展机遇。发展中国家城镇化与消费升级的加速，推动了高分子需求的激增。印度、东南亚等地区的塑料人均消费量仅为欧美的 1/10，但未来十年有望大幅提升，成为全球市场新的增长极。这一趋势不仅为高分子材料行业提供了广阔的发展空间，也对材料的技术创新、政策适应性和市场拓展提出了新的要求。

高分子材料从“线性经济”向“循环经济”的转型，不仅是技术问题，更是全球资源治理与可持续发展的必然选择。其战略定位已从单一工业材料升维至国家竞争力与生态安全的核心要素。未来，唯有通过技术创新突破、政策精准引导与市场机制激活的三维协同，方能实现高分子产业的提质升级，最终构建资源高效利用、环境负荷最小化的闭环型材料体系。这一进程将深度影响全球经济格局，并为人类社会的可持续发展提供关键物质基础。

第2篇

高分子材料全生命周期的环境挑战与治理困境

1　线性经济模式下废弃高分子的单向流动

1.1　线性经济模式的定义与特征

线性经济模式是一种以“资源开采—生产—消费—废弃”为单向流动的传统经济体系，其核心特征为依赖不可再生资源的高强度开采、追求短期经济效益最大化以及末端废弃物的被动处理。在 20 世纪工业化进程中，线性经济模式因其高效性和低成本性成为全球经济发展的主流范式，但其忽视资源循环利用与环境外部性的弊端，随着高分子材料的广泛应用而暴露无遗。

线性经济的运行方式表现为资源单向流动、生产规模化和末端治理难度大。在高分子生产链上，以石油、天然气为主要代表的原料经过加工转化为高分子材料，制成产品后进入消费环节，最终以废弃物形式进入填埋场、焚烧厂或自然环境。由于总体回收量低，事实上形成了“从摇篮到坟墓”的单向链条。

在生产方面，企业通过扩大生产规模降低单位成本，但忽视了产品生命周期后的环境治理成本。全球塑料产量从 1950 年的 200 万 t 激增至 2015 年的 3.81 亿 t，而这一时期的统计回收率仅约 7.2%。高分子材料使用后，依赖填埋、焚烧等末端处理技术，而非从源头上减少废弃物产生。据统计，全球每年约有 40% 的塑料废弃物通过露天焚烧或非法倾倒进入环境。

高分子产业中线性经济特征还表现在严重的石油依赖、短生命周期设计和外部成本转嫁三个方面。当前，95% 以上的合成高分子材料源自石油化工，全球塑料生产消耗石油约 6%，相当于沙特阿拉伯全年石油产量的 1/3。其中，一次性塑料制品（如包装膜、饮料瓶）占塑料总产量的 40%[44]，但其平均使用时间不足 30 min，一旦管理不善进入自然界，降解则需要数百年，随之而来的是微塑料问题。此外，塑料污染导致的海洋生态损失、健康损害等社会成本是没有计入产品价格的。联合国环境规划署（UNEP）给出的估算是：塑料污染每年造成约 400 亿美元的经济损失，而这一损失基本由公共财政承担。

1.2 高分子废弃物的生成与流动路径

高分子废弃物的生成贯穿材料全生命周期，其流动路径的复杂性加剧了环境治理难度。总体来看，在线性经济模式下，高分子在生产阶段、消费阶段和废弃阶段均产生废弃物，造成资源浪费和环境污染问题。

生产阶段的废弃物源于工艺缺陷导致的源头浪费。在高分子合成与加工过程中会产生大量边角料、不合格品。以聚烯烃生产为例，每生产 1 t 聚烯烃塑料产生 5%～8% 的废料。由于聚烯烃年产能巨大，废料的总产量也是巨大的，但由于生产线的产品纯度较高，可以立即加以回收利用。然而，高分子原料在生产过程中还会用到阻燃剂、增塑剂等化学添加剂，这些物质的挥发与泄漏，会直接污染生产性企业周边的空气与水源。这一情况在缺乏先进技术和管理的发展中国家和地区尤其需要重视，更需要全球关注和帮助，因为经过大气循环、水循环以及食物链的联系，发达地区的人并不能“独善其身”。

消费阶段的废弃物源于人们增长的消费，甚至过度消费和低效的回收能力。全球人均塑料消费量从 1960 年的 5 kg 增至 2020 年的 53 kg，其中高收入国家人均达 96 kg（如美国、德国）[44]。然而，当前全球塑料的平均回收率仅为 14%，剩余 86% 被堆放、填埋、焚烧或泄漏进入环境中 [45]。欧盟虽实施严格分类政策，但实际回收率不足 30%，我国在严格的环境保护和绿色经济政策的促进下，回收率也连续多年在 30% 附近停滞不前 [46]。大量所谓“可回收”塑料因难以充分分选而被降级利用。这一问题会在后文详细论述。发达国家为规避本地处理成本，直接向发展中国家出口塑料废弃物这一活动还在持续。国际固体废弃物协会（ISWA）的数据显示，2018—2020 年，马来西亚、泰国和越南等东南亚国家的废塑料进口量增速极快，年均增速高达 50%。以马来西亚为例，2017 年其塑料垃圾进口量为 100 万 t，而到 2019 年就激增至 250 万 t[47]。

废弃阶段，若遭遇环境泄漏或处理失效，污染物将直接暴露。当前，每年约 1 000 万 t 塑料进入海洋，其中 90% 通过河流输送。印度尼西亚芝塔龙河被称为全球塑料污染最严重的河流，其中塑料是最主要的垃圾。估计每天向海洋释放的宏观碎片为［（6 043 ± 567）个（1.01 ± 0.19）t］，还有（3.35 ± 0.54）个 /m^3 的微塑料颗粒[48]。陆地上，将塑料废弃物填入填埋场，渗滤液中的微塑料与有毒添加剂（如双酚 A）在管理不善的情况下渗入地下水，直接威胁饮用水安全。对于焚烧处理，露天焚烧塑料污染非常严重，会释放二噁英、呋喃等持久性有机污染物（POPs），产生更为严重的环境污染和健康问题。

2　微塑料污染与有毒物质释放

2.1　微塑料污染的全球现状与来源解析

微塑料（Microplastic，MP）通常指粒径小于 5 mm 的塑料颗粒，包括初生微塑料（如洗护用品中的磨砂颗粒等）和次生微塑料（由大块塑料降解形成）。其全球分布范围已从海洋扩展至陆地、大气甚至极地冰川，已成为 21 世纪最紧迫的环境问题之一。

微塑料的来源与排放路径多样且复杂。初生微塑料是主要来源之一，它们主要来自化妆品、纺织品洗涤过程中合成纤维的脱落以及工业原料，如塑料颗粒在运输过程中的泄漏。据估算，全球个人护理产品中微塑料的排放量可达 1.2×10^4 t/a。1970—2019 年，环境中存在多达 3.0×10^5 t 个人护理产品衍生的微塑料[49]。次生微塑料同样数量巨大，它们由大块塑料在光氧化、机械磨损和生物降解作用下破碎形成。例如，一个 PET 瓶在海洋环境中需要 400 年才能完全降解，而在此期间，它会释放出数百万个微塑料颗粒。最后，微塑料的排放还涉及点源与面源污染，城市污水（包括洗衣机废水）、农业覆膜残留以及非法垃圾倾倒都构成了微塑料的主要输入途径。以我国长江流域为例，长江口水体表面漂浮的微塑料丰度高达（4 137 ± 2 461）个 /m^3[50]。

微塑料在环境中分布广泛。在海洋环境中，北大西洋环流区的表层水中微塑料颗粒浓度高达 20 万个 /km^3，而太平洋垃圾带的面积更是达到 160 万 km^2[51]，相当于 3 个法国的领土面积。在陆地环境中，农业土壤中的微塑料积累也显著增加。据估算，

每年 4.4×10^4～3×10^5 t、6.3×10^4～4.3×10^5 t 塑料颗粒分别被排放到北美和欧洲的农田[52]，这些微塑料主要来源于农膜碎片和有机肥（含污泥）的使用。此外，微塑料还能通过大气迁移至偏远地区，甚至在珠穆朗玛峰的积雪中也检出了 PE 微塑料。

2.2 微塑料与有毒物质的复合污染机制

微塑料不仅是物理性污染物，更是化学毒物的载体。其高比表面积和多孔结构可吸附重金属、持久性有机污染物（POPs）及添加剂，形成“毒性鸡尾酒”，加剧生态风险。

微塑料对有毒物质的吸附与协同表现在两个方面。一方面，微塑料表面可带电荷，能够与重金属离子（如铅、镉等）通过静电作用紧密结合。微塑料对镉的吸附容量是天然沉积物的 100 倍，这使其对重金属具有吸附和富集作用[53]。另一方面，微塑料还易于富集疏水性污染物，如多环芳烃（PAHs）、多氯联苯（PCBs）等。研究显示，微塑料材料的分子结构对有机物吸附起着关键作用[54]。微塑料粒径大小和环境条件（如 pH、盐度等）也会影响其结合污染物的能力。纳米级聚苯乙烯塑料颗粒（直径约 70 nm）对多氯联苯的吸附量要比微米级聚苯乙烯塑料颗粒（直径为 10～180 μm）高 1～2 个数量级，且在低 pH 和高盐条件下吸附量增加[55]。污染物被吸附到塑料上以后，在洋流作用下长距离迁移，造成污染物的全球分布[56]，说明微塑料可以作为有机污染物的“载体”。

微塑料—污染物复合体可因动物的摄食活动进入动物体内，并对其多种身体机能造成损害。例如，微塑料会导致小鼠的精子数量和活性显著下降，且精子的畸形率显著升高。对小鼠进行 28 d 剂量为 5 mg/kg 不同粒径微塑料颗粒的灌喂染毒处理后发现，亚急性染毒微塑料也可能会对雄性生殖功能造成潜在毒性伤害[57]。人体胎盘灌注模型研究显示，240 nm PS 能穿过胎盘屏障，且不影响胎盘外植体的生存能力[58]。

高分子材料降解过程中释放的添加剂等物质会进一步加剧生态毒性，形成典型的污染致毒反馈。

增塑剂是第一大塑料添加剂。其中，邻苯二甲酸酯类是全球消耗量最大的增塑剂，主要用于聚氯乙烯塑料制品的生产，且添加比例较高，按重量计可达 10%～60%。邻苯二甲酸酯（PAEs）是典型的内分泌干扰物，即使浓度很低，对生物也存在显著的生殖毒性[59]。此外，雌激素效应对水生生物的健康和繁殖构成了严重威胁，其中 PAEs 和双酚 A（BPA）是两类典型的具有雌激素活性的化学物质。具体来看，PVC 制品中的 PAEs 在使用过程中会渗出，进入水环境后，对水生生物的性别发育产生显著影响。它会破坏解毒 / 氧化应激、激素调节、信号转导和细胞凋亡，对无脊椎动物（如贻贝、鲍鱼和牡蛎等）和鱼类产生生殖毒性、肝毒性和神经毒性伤害[60]。

阻燃剂是塑料中用量第二大的添加剂。研究表明，微塑料中的阻燃剂释放到环境介质中通常通过三个主要步骤：①微塑料基体内部扩散；②跨微塑料介质边界层传输；③扩散到环境介质中[61]。通过以上三步，阻燃剂逐步从微塑料中释放到周围环境。另外，添加廉价且高效的溴系阻燃剂的电子废塑料，在通过焚烧处理时，会产生高毒性的多溴联苯醚（PBDEs）。其神经毒性会对生物体构成严重威胁，该物质会随食物链逐级富集，最终对高级生物体产生影响。对于人类，PBDEs 主要富集在血液中。婴儿出生时的脐带血和粪便中都有一定量的累积，哺乳期的女性母乳中也检测到了 PBDEs[62,63]。基于小鼠实验，已经发现 PBDEs 的甲状腺毒性、神经系统毒性、肝脏毒性、生殖发育毒性和免疫毒性[64]。

塑料降解过程中产生的副产物对生态环境也构成了不容忽视的危害。以 PET 为例，对苯二甲酸（TPA）可在光照老化过程中不断被释放。暴露于 TPA 中的小鼠，会发生肺部炎症和乙酰甲胆碱诱导的气道阻力变化，即老化的 PET 可以通过 TPA 释放引起小鼠的呼吸损伤。这种老化降解与阳光照射直接相关[65]。另一种常见塑料 PS 的降解中会产生乙烯基单体，其中的苯乙烯单体具有耳毒性、致癌性。一项对大鼠的研究显示，苯乙烯的耳毒性作用导致大鼠的听力损失 35～40 dB。免疫荧光和蛋白质印迹分析表明，苯乙烯给药诱导氧化还原失衡并激活了炎症[66]。

值得注意的是，上述案例所讨论的内容通常被称为“个体毒性”，亦称为单一生物体毒性，是污染物质对单一生物个体（涵盖人类、动物或植物）所产生的直接有害效应。这一概念通常是基于剂量 - 反应关系进行量化评估。接下来将讨论塑料产生的“群体毒性”作用。

2.3 微塑料的生态毒性效应

微塑料对生物体的影响具有多尺度性，涵盖分子、个体、种群及生态系统层面。所谓“生态毒性”，即污染物质对生态系统整体结构和功能的负面影响。包括对生物群落、生态过程（如物质循环和能量流动）以及非生物环境（如土壤和水体）的潜在破坏。生态毒性的研究对象更为广泛，涉及种群、群落、生态系统乃至整个生物圈。其评估指标则侧重于生物多样性变化、食物链扰动以及生态功能的退化，如水体自净能力的减弱。在作用机制上，生态毒性既包含污染物导致的直接效应，如物种死亡或繁殖率下降，也涵盖通过食物链传递的间接效应，如生物积累和生物放大效应，以及物种间竞争关系的改变所引发的连锁反应。此外，生态毒性的影响可能具有长期滞后性，且其影响范围往往跨越更广阔的地域，如跨流域污染。国际标准化组织（ISO）对生态毒性的定义——化学物质在自然环境中对生物体的有害效应，涵盖对生态系统组成、结构和功能的损害——进一步明确了这一点。

微塑料对水生生物的毒性影响明显。其中，物理阻塞与炎症反应是微塑料对水生生物的直接危害。浮游动物（如桡足类）在误食微塑料后，肠道会发生堵塞，导致其摄食效率大幅下降。与短的微塑料纤维相比，长的微塑料纤维会引起更严重的影响，如显著降低斑马鱼的食物摄入量（54%～67%）。微塑料纤维可以上调甘油磷脂代谢，加剧氧化损伤和炎症，下调与营养缺乏相关的脂肪酰基代谢[67]。此外，微塑料还对水生生物的生殖与发育造成抑制。微塑料积聚在海洋水母的卵壳上，降低了胚胎孵化率和幼虫体长、体重。成年水母 150 d 暴露于微塑料环境下，降低了其体重和性腺功能指数，但加速了其性成熟，表明生长和繁殖之间的权衡。微塑料还会对性腺造成明显的组织病理学损伤，并降低卵子产量和受精率。父母接触微塑料会导致 F1 后代心跳加快、过早孵化和生长缓慢的问题[68]。微塑料还能改变水生生物的行为模式。暴露在 PS 微塑料环境中的淡水虾，其速度、加速度和移动距离更大，但标准代谢率（SMR）降低[69]。

微塑料对陆生生态系统的影响同样严峻，具体表现在对土壤动物、微生物以及植物的影响上。就土壤动物与微生物而言，蚯蚓暴露在两种不同大小的 PS 微塑料中

21 d 后，其体腔细胞的存活率受到影响，其雄性生殖器官受到损害，影响了精子的产生 [70]。微塑料对蚯蚓这一物种的影响，会直接影响土壤肥力，对土壤生态系统的稳定性和功能性也构成了威胁。微塑料还对植物产生毒性作用。在小麦生长过程中，土霉素与 PE 微塑料结合显著降低了小麦的生物量和高度。土霉素和 PE 微塑料组合都显著提高了小麦叶片中的类胡萝卜素含量和过氧化物酶活性，而且显著改变了包括有机酸和糖在内的多种代谢物，从而间接抑制小麦幼苗生长 [71]。

微塑料对人体健康构成的风险日益成为全球热议的话题，其影响途径主要包括直接暴露以及可能引发的慢性炎症与致癌性。全球人均每周通过饮用水、食物以及空气摄入的微塑料量约为 5 g，这意味着微塑料与微生物一样，已经实现与人类的“共生”。当前，人类母乳中已检出了微塑料，其平均浓度达到 2.6 个 /mL，然而婴儿并没有完整的消化、代谢能力，会干扰其免疫系统的正常发育 [72]。

此外，体外实验也提供了微塑料潜在危害人体细胞的证据。研究显示，PS 微塑料（10 μm）能够诱导人肺上皮细胞（A549）产生活性氧（ROS），这一过程导致细胞凋亡率显著增长 40%，与患肺癌的概率呈现正相关关系。

2.4　研究方法与技术挑战

当前，微塑料检测技术领域仍存在明显的局限性，这些局限性影响了人们对微塑料污染问题的准确评估和有效应对。

粒径分辨难题是检测技术面临的挑战之一。传统的傅里叶红外光谱（FTIR）技术在检测微塑料时，难以有效识别粒径小于 10 μm 的微塑料颗粒，限制了对微小尺寸微塑料的准确检测。虽然拉曼光谱技术具有较高的检测精度，能够准确地识别微塑料，但其单颗粒分析耗时长（可长达数分钟），这在大规模样品检测中显得尤为不便。另外，复杂基质的干扰也是微塑料检测技术需要克服的难题。在土壤和生物组织中，大量的有机质会干扰微塑料的分离过程，使准确提取微塑料变得困难。当采用酶消化法等处理后，虽然有助于分离微塑料，但也可能破坏微塑料表面吸附的污染物，从而影响对微塑料污染状况的全面了解。

在微塑料的毒性评价体系中，目前也存在一些不足，限制了我们对微塑料生态毒性的准确理解和评估。浓度阈值的争议是毒性评价体系面临的首要问题。现有研究多采用实验室高浓度暴露条件，如 100 mg/L，然而这一浓度远高于环境实际浓度（通常在 ng/L 至 μg/L 范围内）。因此，实验室研究结果与生态实际情况之间的相关性存疑，使人们难以准确判断微塑料在自然环境中的毒性效应。另外，复合效应的忽视也是毒性评价体系需要改进的地方。多数实验仅考察单一污染物的影响，而忽视了实际环境中微塑料与其他污染物（如重金属、持久性有机污染物）之间可能存在的协同毒性机制。可以想象，单一污染物的考察方式无法全面反映微塑料在复杂环境条件下的真实毒性效应。

未来，微塑料的研究有两个主要的技术方向值得重点关注：一是原位检测技术，该技术有望成为微塑料监测领域的重要突破口。当前，有研究正致力于开发基于纳米传感器的实时监测设备，如利用石墨烯量子点荧光探针，这类技术能够特异性地识别水体中的微塑料，实现快速、准确的现场检测。这不仅能大幅提高监测效率，还有助于人们更及时地了解微塑料在环境中的分布和动态变化。二是多组学整合分析法，它可为揭示微塑料的致毒机制提供新的视角。通过结合转录组学与代谢组学等多组学技术，研究者可以深入探究微塑料对生物体的影响，揭示其致毒通路。已有研究发现，斑马鱼肝脏中 Nrf 2 抗氧化通路的激活机制与微塑料暴露有关 [73]，这类研究有助于人们更为全面地理解微塑料的生态毒性及其作用机理。

微塑料与有毒物质的生态毒性研究深刻揭示了高分子材料的环境影响已远超传统污染的范畴，逐渐演变成一个复杂且系统性的问题。面对这一严峻挑战，未来的研究与实践可着眼于三个方向：一是跨学科协作。通过将材料科学、毒理学与数据科学等学科紧密交叉，构建出更为精准的毒性预测模型，为评估高分子材料的生态风险提供科学依据。二是建立全球监测网络。通过构建微塑料污染数据库，实现数据的实时共享与风险评估，为全球范围内的微塑料污染治理提供有力支撑。三是深化政策、技术和公众的协作。强化立法，约束规范高分子材料的使用与处置，推动技术创新以研发更环保的材料与治理技术，加强社会参与，提升公众对微塑料污染的认识与防范意识。唯有多措并举，方有望改善不断产生的微塑料及其所带来的长远而系统的环境、健康问题。

3　热化学处理技术的碳足迹与二次污染

3.1　热化学处理技术：原理、分类与应用现状

热化学处理技术（Thermochemical Treatment）通过高温作用将高分子废弃物转化为能量或化学产物，包括焚烧（Incineration）、气化（Gasification）、热解（Pyrolysis）和等离子体气化（Plasma Gasification）四类。这类技术均为废弃高分子管理的“末端解决方案”，当前仍有很多问题待解决，尤其是碳足迹与二次污染问题。

具体来看，焚烧技术是在过量氧气条件（通常大于 6% O_2）下，使高分子材料完全氧化，生成 CO_2、H_2O 及热能，其操作温度通常维持在 850～1 200℃范围内。相较于焚烧，气化技术则是在缺氧环境（小于 2% O_2）中，将高分子材料转化为合成气（Syngas），其主要成分为 CO 和 H_2，这一过程的温度范围较大，为 600～1 400℃。热解技术则是在无氧条件下，通过加热使高分子材料热分解为油、气、炭三相产物，其操作温度相对较低，通常为 300～800℃。此外，等离子体气化技术是一种新方法，利用等离子体电弧（温度可高达 5 000℃）将高分子材料解离为合成气与玻璃化残渣，实现了高效且环保的处理效果。这些技术各有特点，可用于不同的处理需求和场景。

在现实场景中，焚烧技术目前是全球废弃高分子热化学处理的主流方法。2022 年，欧盟约有 40% 的塑料废弃物通过焚烧进行处理，而日本这一比例更是高达 70%。在我国，生活垃圾焚烧率也呈现出显著的上升趋势，从 2015 年的 35% 提升至 2023 年的 65%[74-76]。以上均显示出焚烧技术在全球范围内的广泛应用。然而，相较于焚烧技术，热解与气化等新兴技术的推广则受到经济性不足的限制。在全球范围内，商业化项目数量有限，且主要集中于中国、德国、美国等国家。可以说，尽管热解与气化技术具有潜力，但在实际应用中仍面临诸多挑战，需要进一步的政策支持和技术创新以推动其商业化进程。

3.2 热化学处理技术的碳足迹分析

碳足迹是评价热化学处理技术环境效益的核心指标，涵盖直接排放（燃烧产物）、间接排放（能源消耗）与替代效应（能源替代传统化石燃料）。高分子材料的化学属性在很大程度上决定了其碳排放强度。具体而言，不同高分子材料的碳含量存在显著差异，这一差异通过碳释放系数得以体现。例如，焚烧 1 t 聚乙烯会释放 3.14 t CO_2，而聚氯乙烯在焚烧过程中则因含氯释放的 CO_2 较少，但同时伴随 HCl 等有害气体的产生。此外，化石碳与生物碳的区分也至关重要。生物基塑料（如 PLA）在焚烧过程中释放的 CO_2 属于生物碳循环，理论上具有碳中性特性。然而，若混合焚烧过程中生物碳的占比低于 10%，则整体碳排放仍应视为化石碳排放。

在考虑间接碳排放时，能源消耗与工艺效率之间的权衡十分重要。能量净收益（NEB）是衡量焚烧厂通过发电或供热回收能量的重要指标，而能源转化效率直接决定了其碳抵消能力。此外，基于生命周期评价（LCA）的方法，可以对不同技术路径下的碳排放强度进行排序。具体而言，焚烧技术的碳排放强度最高，为 1.5～2.0 t CO_2/t 塑料；其次是气化技术，碳排放强度为 1.2～1.8 t CO_2/t 塑料；热解技术的碳排放强度相对较低，为 0.8～1.5 t CO_2/t 塑料；而等离子体气化技术则因具有高效的能量回收和残渣玻璃化（从而减少填埋过程中 CH_4 排放）的特性，其碳足迹最低，为 0.5～1.2 t CO_2/t 塑料[77-79]。从全生命周期碳排放的角度来看，等离子体气化技术在热化学处理领域对环境表现得最为友好。

3.3 烟气和灰渣：二次污染的挑战

将废弃高分子进行热化学处理并非只得到小分子气体产物，其他副产物如二噁英（PCDD/Fs）、重金属、酸性气体与飞灰等也会大量产生，而这些物质会对生态环境与人体健康构成严重威胁。其中持久性有机污染物，特别是二噁英和多环芳烃，在塑料焚烧和热解过程中构成了严重的环境问题。例如，当焚烧含氯塑料（如 PVC）时，在低温段（250～450℃）极易生成二噁英。欧盟对垃圾焚烧厂烟气中的二噁英排放设定了严格的限值，即 0.1 ng TEQ/m^3，然而，发展中国家普遍难以达到该标准。举例来说，位于印度德里东南部的蒂玛普尔—奥卡拉垃圾焚烧发电厂（Timarpur-Okhla Waste to Energy Plant）排放的烟雾中含有铅、砷等重（类）金属，这些有毒物质会随着雨水落在周围的居民区中。政府内部报告显示，该垃圾焚烧发电厂向德里空气中排放的二噁英是法定量的 10 倍[80]。

除了持久性有机污染物外，重金属和酸性气体的释放也是塑料焚烧过程中不可忽视的问题。电子废塑料中的铅、镉等重金属在焚烧过程中会挥发并富集于飞灰中，对环境和人体健康构成危害。例如，PVC 在焚烧过程中会释放 HCl，与烟气中的水分结合形成盐酸，对设备造成腐蚀，并导致 SO_2、NO_x 等酸性气体排放增加，以致焚烧厂设备维护成本提升。

飞灰和底渣是塑料焚烧后残余的主要固体废物，其妥善处理也面临诸多困境。飞灰由于含有二噁英、重金属等有害物质，被列为危险废物。欧盟要求飞灰必须经水泥固化后填埋，以确保其不会对环境造成二次污染。我国东南部的多个炉排发电厂的飞灰样本中可检出明显的铅，以及多种成分的多氯二苯并对二噁英 / 呋喃（平均浓度为 0.027 ngI-TEQ/g），具有重大的环境风险[81]。底渣虽然常被作为建筑材料使用，但其浸出液中的铅浓度远超地下水标准，存在极大的环境风险。荷兰就曾因用底渣铺路导致土壤污染，因此必须对底渣的利用进行严格的监管和风险评估。

3.4　热化学处理的低碳转型路径

在热化学处理完成后，现有技术可通过末端净化降低污染，但经济成本与技术瓶颈仍制约了其推广，政策执行不力进一步加剧了这一情形。

在塑料焚烧过程中，烟气净化系统（APC）的技术瓶颈主要体现在净化效率与成本之间的矛盾。为了有效控制二噁英等有害物质的排放，采用布袋除尘、活性炭吸附以及选择性催化还原（SCR）脱硝的组合工艺，可以将二噁英的去除率提高至 99.4%[82]。然而，这一高效净化系统的投资成本相当高，占焚烧厂的成本比例高。以东南亚国家为例，其资金相对短缺，因此很难承担如此高昂的投资，这些国家便会选择简化净化工艺，结果导致二噁英的去除率不高。此外，飞灰处理的能源密集性也是技术瓶颈之一。熔融固化飞灰需要 1 300℃左右的高温处理[83]，每处理 1 t 飞灰就要耗能 800 kW · h，其经济性远低于直接填埋。因此，技术瓶颈不仅影响了净化效率，也增加了焚烧处理的成本。

在政策层面，焚烧厂排放标准的宽松以及监管的缺位也是当前面临的重要问题。中国焚烧厂的二噁英排放限值与欧盟相同，均为 0.1 ng TEQ/m^3，但在实际监测频率上存在显著差异。中国要求每年监测一次[84]，而欧盟要求连续监测，这增加了某些焚烧厂可能违规排放的风险。同时，在飞灰管理方面也存在政策漏洞。美国《资源保护与回收法》（RCRA）虽然要求对飞灰进行毒性检测，但也有不少州存在“个案豁免”，这一政策漏洞为跨州非法转运飞灰提供了可乘之机。政策宽松与监管缺位削弱了法规的约束力，也加剧了环境污染的风险。

塑料焚烧设施的建设和运营还面临严重的公众信任危机，主要表现为邻避效应和社会抗争。此外，信息不透明也是加剧公众信任危机的重要因素。一些企业为了逃避监管责任，隐瞒污染数据，污染环境的同时损害其社会形象和公信力。公众信任危机不仅影响了焚烧设施的建设和运营，也对社会的稳定和发展构成了潜在威胁。

减少热化学处理的碳足迹与污染风险，仍有待技术创新和政策引导。在应对塑料焚烧带来的环境挑战时，技术创新成为关键路径。日本的钢铁公司在 CO_2 捕获上取得了显著进展。日本 JFE 钢铁公司在福山厂建立的 CO_2 捕捉试验设备，处理能力为 3 t/d，高炉煤气处理量约 300 m^3/h，采用物理吸附技术路线分离高炉煤气中的 CO_2。分离回收的 CO 气体是高热值气体燃料，可再用于烧结、热风炉及轧钢等工序。日本制铁在君津厂建造了高炉煤气 CO_2 捕集试验装置，处理能力约为 100 m^3/h。解吸 CO_2 后的贫液经处理后可返回吸收塔循环使用，捕捉到的高浓度 CO_2 经处理后可用于化工生产、开采石油等[85]。

近年来，采用低温等离子技术处理焚烧后烟气也受到关注。气体分子在外加电压下被击穿，产生包括电子、各种离子、原子和自由基在内的混合体。其中的重粒子温度低，整个体系呈现低温状态，所以称为“低温等离子体”或“非平衡态等离子体”。这些活化了的重粒子（强氧化性）与烟气中的分子、粒子相互碰撞，发生一系列复杂的物理化学反应，将烟气中的重金属单质颗粒、二噁英、呋喃等高危致癌有机物降氧化成为毒性低的羧酸类小分子有机物，乃至完全分解成无害的无机物[86]。

为了促进塑料焚烧行业的可持续发展，政策优化同样至关重要。可通过实施碳定价与污染税政策来激励企业减少碳排放和污染物排放。例如，对焚烧过程中产生的 CO_2 征收碳税，并将二噁英排放与排污许可制度相挂钩，这样可以倒逼企业升级技术，减少污染排放。另外，跨区域协同治理也是解决飞灰处理难题的有效途径。建立“飞灰跨境处理基金”，资助欠发达地区建设熔融设施，提高飞灰处理的专业化和规范化水平，从而杜绝非法倾倒现象的发生，保障环境安全。

热化学处理技术作为当前废弃物管理的重要手段，其环境代价高昂且不可持续。从长远来看，唯有通过源头减量、循环利用和低碳处理的优先级策略，方能实现高分子材料全生命周期的绿色转型。短期需优化现有技术并强化监管，中长期则应逐步降低对热化学处理的依赖，推动循环经济成为主导范式。

4　填埋处置的空间约束与社会成本

4.1　填埋处置的全球现状与技术特征

填埋作为高分子废弃物处理的传统方式，长期以来被视为“低成本、易操作”的末端解决方案。然而，随着城市化进程加速与废弃物产量激增，其空间约束与社会成本问题日益凸显。填埋技术作为废弃物处理的一种方式，根据其运作机制和环保标准的不同，可分为卫生填埋、简易填埋和生物反应器填埋三大类。

卫生填埋通过设置防渗层（如 HDPE 膜）、渗滤液收集系统和沼气导排设施，有效减少了填埋过程对环境的污染，这一技术广泛应用于发达国家，其处理成本在 50～100 美元 /t 废弃物。相较之下，简易填埋缺乏必要的防渗和污染控制措施，虽然成本可明显降低至约 1/10，但环境风险极高，这种填埋方式在发展中国家较为常见。生物反应器填埋通过注水或通气等手段加速废弃物的降解过程，缩短填埋场的稳定化周期，从传统的 30 年缩短至 5～10 年。然而，该技术相对复杂且维护成本较传统填埋方式翻倍。从全球角度来看，填埋技术的应用规模和方式存在显著的区域差异。

从全球填埋规模来看，高收入国家与发展中国家的填埋率也存在显著差异。欧盟的填埋率从2000年的60%大幅下降至2023年的15%，可见其废弃物处理方式的转型和升级，但东欧部分国家（如波兰、罗马尼亚）仍高度依赖填埋，占比超过40%。美国填埋率约为50%，年处理量达1.4亿t。而在发展中国家，填埋仍是废弃物主要的处理方式之一，中国城市生活垃圾填埋率约为55%，印度及东南亚国家的填埋率甚至超过80%。非洲撒哈拉以南地区的情况尤为严峻，90%的塑料废弃物直接露天堆放或简易填埋，对环境造成了极大压力[87]。特别值得一提的是，高分子废弃物（尤其是塑料）的填埋具有特殊性。由于塑料降解缓慢、体积庞大（因密度低）以及添加剂可能渗漏，这些因素都加剧了填埋场的环境负荷，对土壤、地下水和生态系统构成了长期威胁。

4.2 长期管理与再利用的难度

填埋处置对土地资源的占用具有不可逆性，其空间矛盾在人口密集区与生态脆弱区尤为突出。填埋场作为废弃物处理的重要场所，其土地资源占用与城市扩张之间具有日益显著的冲突。

首先，填埋场容量饱和问题越发严重。以美国为例，现有填埋场的平均剩余寿命已不足15年，洛杉矶的Puente Hills填埋场关闭后，加利福尼亚州甚至需要跨州运输垃圾，明显抬高了处理成本。在中国，大部分地方都采用填埋的方式来处理生活垃圾，但约有1/4的大中型城市已经没有堆放垃圾的合适场所，很多城市都在面临垃圾无处安放的难题。以成都为例，位于成都市郊龙泉山腹地的长安生活垃圾填埋场，是成都主城区唯一的垃圾填埋场。长安生活垃圾填埋场日均处理量是7 500 t，每天有600～650辆生活垃圾转运车进入填埋作业区进行卫生填埋。1993年，成都市人民政府将这里选址为垃圾填埋场，一期占地836亩①，库容1 135万m^3，预计能使用25～30年，但到2009年，仅过了16年（规划年份的一半），该垃圾填埋场就填满封场。随后成都市开启了长安垃圾填埋场二期进行作业，占地723亩，库容2 074万m^3，约为一

① 1亩≈666.67 m^2。

期库容的 2 倍，预计使用到 2029 年。但在 2019 年，二期填埋场再次被填满，比原计划又提前了 10 年。

其次，生态红线的划定和管理政策的日趋严格进一步压缩了填埋场的生存空间。以中国为例，2020 年 7 月 31 日，国家发展改革委、住房和城乡建设部、生态环境部三部门联合印发了《城镇生活垃圾分类和处理设施补短板强弱项实施方案》，提出在生活垃圾日清运量超过 300 t 的地区，加快发展以焚烧为主的垃圾处理方式，到 2023 年基本实现原生生活垃圾“零填埋”。要求各地在摸清垃圾填埋场剩余库容的基础上，合理规划填埋场建设，原则上地级以上城市以及具备焚烧处理能力的县（市、区），不再新建原生生活垃圾填埋场，现有生活垃圾填埋场主要作为垃圾无害化处理的应急保障设施使用。该政策的出台标志着长期占据我国生活垃圾处理方式首位的卫生填埋已逐步退出“主舞台”，未来将主要作为应急保障性措施存在。后续发布的《“十四五”城镇生活垃圾分类和处理设施发展规划》《“十四五”时期“无废城市”建设工作方案》《“十四五”全国城市基础设施建设规划》等文件均再次提出有条件焚烧的城市不再新建或规划原生生活垃圾填埋场，或将现有生活垃圾填埋场剩余库容转为兜底保障填埋设施备用，或规划建设应急填埋处理设施。

当前，填埋场封场后的管理与土地再利用同样面临着重大挑战。填埋场封场后，需要持续监测渗滤液与沼气长达几十年。以美国为例，年均维护成本高达 10 万美元 /hm^2。除了增加的经济负担外，长期的环境管理也面临更大挑战。

如需土地再利用，由于封场土地存在沉降与污染风险，其再利用往往受到限制，仅能用于低强度开发，如绿化、光伏电站等。位于德国柏林的填埋场在封场处理后被改建为公园，但土壤中微塑料的浓度仍大幅超过背景值。因此，在土地再生过程中必须充分考虑环境污染的长期影响，让填埋场的修复与土地再生不仅是一个技术问题，更是一种涉及经济、环境和社会多方面的综合性挑战。

4.3　隐性社会成本

当使用填埋处置时，不能仅考虑其直接处理费用，也应考量其社会成本，包括环境污染治理、公共卫生支出与代际公平问题。

填埋场的直接经济成本涵盖建设与运营成本、运输与土地成本等方面。就建设与运营成本而言，以中国标准计算，一座卫生填埋场的建设成本在1.5亿～3亿元，而年运营费用则需2 000万～5 000万元[88]。这一高昂的投入不仅体现在初期建设，还贯穿填埋场的整个运营周期。例如，垃圾填埋场在运营过程中还具有火灾风险，可大致分为两种——地表火灾和地下火灾。地表火灾涉及最近填埋或未压实的垃圾，这些垃圾位于好氧分解层中的垃圾填埋场表面或附近。垃圾填埋气（甲烷）会加剧这些火灾，这可能会导致火灾蔓延至整个垃圾填埋场。表面火灾通常在相对较低的温度下燃烧，其特征是排放出浓密的白烟和不完全燃烧的产物。烟雾中含有刺激性物质，如有机酸和其他化合物。当表面火灾燃烧轮胎或塑料等材料时，燃烧区的温度可能会很高。高温火灾会导致挥发性有机物分解，释放出浓密的黑烟。垃圾填埋场的地下火灾发生在垃圾填埋场表面以下深处，涉及数月或数年的材料。其起火原因通常是垃圾填埋场含氧量的增加，这会增加细菌活性并提高温度（好氧分解）。这些所谓的“热点”可能会与甲烷气体接触，导致火灾。这些火灾通常比地表火灾更难扑灭。地下火灾也有可能在垃圾填埋场中产生巨大的空隙，导致垃圾填埋场表面塌陷。此外，它们会产生易燃和有毒气体（如一氧化碳），并进一步损坏渗滤液控制衬里和垃圾填埋气收集系统[89]。填埋场火灾容易引发设备或生命财产损失等连锁反应。

用于治理填埋场而产生的环境污染也需考虑成本。例如，在垃圾填埋、整形、陈腐垃圾开挖等作业过程中，恶臭扰民是其最突出的环境问题之一。垃圾填埋场恶臭气体中的成分主要包括含硫化合物（如H_2S、硫醇等）、芳香烃、饱和及不饱和烃、含氮化合物（如氨、胺类、吲哚等）、卤代烃、含氧化合物（如醇、酚、醛、酮等）等。长期暴露于恶臭环境中（不论恶臭强度高低）会严重危害人体健康。2018—2020年，全国恶臭/异味污染投诉中，垃圾处理行业居首位[90]。

全球甲烷排放量的一半以上来自人类活动，其中废物排放是最大的贡献者之一，垃圾填埋场甲烷排放占20%[91]。若对垃圾填埋场的甲烷排放施加碳税，全球填埋成本将因此显著提高，从而严重加剧填埋场的经济负担。

此外，填埋处理在公共卫生和代际公平方面的社会成本是不容忽视的，填埋场周边的居民往往面临更高的健康风险。垃圾填埋场附近的社区面临更多有毒的永久性化学物质暴露风险，会对健康构成重大威胁。例如，居住在纽约州长岛遗留垃圾填埋场附近的居民必须长久地与有毒化学物质为邻。在新罕布什尔州，环境服务部将“永久化学品”描述为合成化学品，通常用于商业或工业，特别耐分解。这些化学物质在垃圾填埋场附近尤其普遍，该问题受到周边居民的强烈抗议[92]。

由此可见，填埋场的决策和管理必须充分考虑其长期的公共卫生影响和代际成本，必须加快实施更加可持续的废弃物处理方式。

4.4　实践中的政策矛盾

填埋处置的低成本表象掩盖了政策执行中的多重矛盾，包括标准缺失、监管漏洞甚至利益集团阻挠。

在垃圾填埋管理的实践中，标准与执行的脱节问题还需认真解决。据估算，在中国，生活垃圾填埋场日产生渗滤液约 11 万 t，年产总量近 4 000 万 t，形成一种巨大的污染源。在对贵州、广东、湖南、山东、河北、浙江、四川、重庆、广西、安徽、陕西、江苏 12 个省（区、市）的 79 座新建填埋场和 20 多座正在运营填埋场的防渗膜完整性进行检测后发现，防渗层破损问题极为严重，平均每个填埋场内发现防渗层破损漏洞约 34 个。按照面积计算，可推测漏洞约为 17 个 / hm^2。破损漏洞中直径大于 10 cm 的漏洞比例超过 35%。在实际操作中，HDPE 膜上方没有铺设土工布等保护层而直接铺设导排卵石；某些填埋场用碎石代替卵石；HDPE 膜下方的地基层或者黏土层施工不规范，混杂有碎石、树根等尖锐物；导排颗粒铺设过程采用机械施工等原因都会导致防渗膜破漏[93]。

在垃圾填埋管理中，公众参与的缺位则是另一个有待解决的问题。随着环保意识的提高，民众对垃圾填埋场扩建的抵制情绪日益强烈，邻避运动激化。如韩国首尔首都圈填埋场扩建计划就引发了多次居民抗议[94]。除了直接的抗议活动外，信息壁垒的存在也阻碍了公众对填埋场环境影响的知情权和监督权。许多垃圾填埋场的环境影响评估报告会以“商业机密”等为由拒绝公开，其透明度问题是公众长期关心的重要问题，也是引发公众抗议的重要导火索。信息的不对称除了加剧公众的不信任感外，也会影响垃圾填埋管理的科学性和公正性。

填埋，作为工业文明发展历程中的一项“遗产”，如今已面临着空间约束与社会成本日益加剧的挑战，其可持续性已触及临界点。面对现状，须重新审视并调整废弃物管理的策略，以实现填埋方式的转型。优先级的重置成为当务之急。应当遵循废弃物管理的阶梯原则，即源头减量优先，循环利用次之，能源回收再次，安全填埋作为最终兜底手段。将填埋仅作为无法避免时的最后选择，从根本上改变将填埋视为首选方案的传统观念。

在实现填埋转型的过程中，技术和政策、社会的协同作用非常重要。例如，碳定价机制可以作为一种经济手段，激励企业和个人减少废弃物产生和推动循环利用；生产者责任延伸（EPR）政策则要求产品生产者对其产品在整个生命周期中的环境影响负责，从而促使企业在设计、生产和销售过程中更加注重环保和可持续性；公众有效参与机制的设立，不仅可以提高公众的环保意识和参与度，还可以形成全社会共同推动废弃物减量和循环利用的良好氛围。这三者之间的协同作用，有助于破解当前存在的利益僵局，推动填埋更为顺利地转型。

从国际合作维度上看，全球责任共担也是实现填埋转型的重要推动力。对于发达国家来说，应当主动承担历史责任，终止垃圾跨境转移的行为，避免将环境负担转嫁给发展中国家。更进一步来说，发达国家通过技术转移和资金支持，可以帮助发展中国家建设可持续的废弃物处理设施，提升其废弃物管理水平。这种全球性的合作与共同努力，不仅有助于缓解发展中国家面临的填埋压力，也是推动全球高分子材料全生命周期管理迈向资源闭环未来的重要途径。唯有跳出“埋与烧”的二元困境，人们才能真正实现废弃物管理的可持续发展，迈向更加绿色、循环的经济体系。

5　小结：高分子废弃物治理的系统性矛盾与路径重构

5.1　系统性矛盾的维度解析

高分子废弃物治理的复杂性源于技术、经济、政策与社会等多重矛盾的深度交织。本篇揭示了这些矛盾的根源与表现形式，其核心可归纳为以下四大矛盾：

在探讨高分子材料循环回收的挑战时，技术矛盾首当其冲，尤其是处理手段所展现的“双刃剑”效应。传统填埋与焚烧技术，作为当前废弃物处理的主流方式，虽在短期内有效地缓解了废弃物的堆积问题，却埋下了长期的环境隐患。

经济矛盾也是高分子循环回收领域不可忽视的问题，主要体现在短期收益与长期成本的失衡上。在线性经济模式下，企业往往将环境治理成本外部化，转嫁给公共部门。在没有政策扶持的情况下，市场自然倾向于选择成本更低的原生塑料，这进一步加剧了经济矛盾。

政策矛盾体现在标准与执行之间的鸿沟上。一方面，监管虚设与数据造假问题频发。另一方面，国际政策呈现碎片化状态，发达国家构建“绿色壁垒”，而发展中国家由于缺乏技术和资金支持，难以应对这一挑战，从而加剧了全球治理的失衡。

社会矛盾主要表现为公众参与缺位与信任危机。邻避效应的激化是这一矛盾的突出体现。因此，解决高分子循环回收领域的矛盾和挑战，需要综合考虑技术、经济、政策和社会等多个维度，形成协同推进的合力。

5.2　矛盾根源：线性经济范式的结构性缺陷

高分子废弃物在治理过程中各种矛盾的本质，是工业文明下线性经济模式与地球生态极限的冲突，其结构性缺陷体现在以下三个方面：

第一，资源代谢的单向性。在全球范围内，高达 95% 的塑料源自不可再生的石油资源，而回收率却徘徊在不足 10% 的低位，这直接反映了资源利用效率低下的长期困局。

第二，环境外部性的忽视也是线性经济模式结构性缺陷的重要表现。在现行市场体系下，高分子材料在出厂时价格并未充分涵盖其生态损失，如海洋生物多样性下降、人类健康损害等环境成本被严重忽视。这将由公共财政和我们的后代被迫承担，再次凸显了代际责任的不公。

第三，治理体系的碎片化也是线性经济模式结构性缺陷中不可忽视的维度。在政策工具层面，人们过度依赖末端处理手段，如填埋税和焚烧补贴，而忽视了源头减量和循环设计的重要性。全球协作的缺位也加剧了治理体系的碎片化问题。发达国家向发展中国家转移废弃物的行为，如欧盟向土耳其出口废塑料，不仅逃避了自身的治理责任，还加剧了南北之间的不平等，破坏了全球环境治理的公平性和有效性。

5.3 转型挑战与战略优先级

尽管高分子循环回收的转型路径已经相对清晰，但在实际的转型过程中，我们仍然面临多重挑战，因此明确战略优先级显得尤为重要。在短期内，优化现有体系并控制风险蔓延是首要任务。在中期阶段，加速循环经济基础设施建设成为关键。回收网络的覆盖是其中的重要一环。长期来看，需要推动范式革命与全球治理的重塑。

高分子废弃物的治理问题，其系统性矛盾本质上反映了工业文明与生态文明之间的冲突。在工业文明的主导下，高分子材料的生产和使用往往忽视了其对环境的长期影响，而生态文明则强调人与自然的和谐共生，要求人们对废弃物进行负责任的管理。为了破解这一矛盾，不能仅局限于技术改良和经济核算层面，必须转向以循环经济为核心的新发展范式。这一转型不仅是对当前环境治理挑战的必然回应，更是全球经济提质升级的战略机遇之所在。

第 3 篇

高分子科学发展的重大节点与发展瓶颈

1　诺贝尔奖成果对高分子科学的助力

诺贝尔奖可以看作全球最具影响力和最具代表性的科学奖项，对科学技术发展、学科范式变革以及人类社会进步具有深远意义。其评选标准强调“对人类福祉作出最大贡献”的原创性成果。所选出的成果普遍具有划时代的意义，为科研方向提供了战略指引。其全球影响力已远超出科学范畴，形成了独特的社会效应，让尖端科学突破广受大众关注。诺贝尔奖通过百余年的积累，已形成独特的“品牌”，它不仅是科学成就的“历史刻度尺”，也成为人类探索浩瀚未知世界的“精神火炬”。

在百年诺贝尔奖的历程中，留下了高分子科学从诞生到繁荣的关键印记。从高分子长链理论的提出到功能材料的革命性创新，诺贝尔奖得主的研究不仅奠定了学科的理论基础，也推动了高分子科学与其他学科的深度融合。本节以高分子领域直接相关的诺贝尔奖为主线，梳理高分子科学发展产生的重要成就，讨论学科发展背后的范式演进与交叉创新逻辑。

1.1　高分子长链理论

赫尔曼·施陶丁格（Hermann Staudinger）被普遍认为是高分子学科的奠基人。他提出的高分子长链理论荣获了 1953 年诺贝尔化学奖。在 20 世纪初，科学界对于高分子材料的本质存在激烈的争论。那时的主流观点为，像橡胶、纤维素这样的物质，不过是胶体或是小分子的聚集态，而非独立存在的大分子。然而，赫尔曼·施陶丁格却以坚定的信念和严谨的实验，挑战并颠覆了这一传统认知。他通过实验证明，高分子实际上是由共价键连接而成的线性长链，这在当时是革命性的，彻底颠覆了科学界对高分子材料的传统看法，为高分子科学的建立和发展奠定了坚实基础。

1.2　立体选择性聚合催化剂

卡尔·齐格勒（Karl Ziegler）与居里奥·纳塔（Giulio Natta）开发的钛—铝配位

催化剂体系（以两人联名的命名更为人熟知），首次实现了烯烃单体的立体选择性聚合，破解了传统自由基聚合无法控制分子链立体结构的科学难题。通过精确调控催化剂活性中心的几何构型，丙烯单体得以定向排列，合成等规度超过 95% 的等规聚丙烯（iPP），其熔点跃升至 160℃以上，机械强度较无规聚丙烯提升 10 倍，直接催生工程塑料新品类。与此同时，齐格勒法通过抑制乙烯聚合的链支化反应，制备出线性高密度聚乙烯（HDPE），其结晶度与密度分别达到 70% 与 0.96 g/cm^3，成为替代金属与陶瓷的革命性材料。这一突破标志着高分子合成从“结构随机”迈向“分子精控”的范式革命。

1.3　高分子物理学统计理论

保罗・约翰・弗洛里（Paul John Flory）和莫里斯・洛伊尔・哈金斯提出的 Flory-Huggins 溶液理论，首次从统计力学视角揭示了高分子链在溶液中的热力学规律，奠定了现代高分子物理学的理论基础。通过引入格子模型与相互作用参数（χ），建立了自由能公式，量化了聚合物—溶剂体系的混合熵与焓变，使相容性预测从定性经验跃升至定量科学。在此基础上，保罗・约翰・弗洛里进一步提出 θ 溶剂理论，定义了高分子链无扰状态的临界条件，为凝胶渗透色谱（GPC）的分子量测定标准化提供了理论基础。尤为重要的是，对排除体积效应的解析，修正了理想链模型的局限性，为分子动力学模拟高分子构象演变建立了物理框架。这一理论体系不仅解释了高分子溶液的相分离行为，而且为共混材料设计与药物载体微结构调控提供了普适性工具。

1.4　导电聚合物

艾伦・J. 黑格（Alan J. Heeger）、艾伦・G. 马克迪尔米德（Alan G. MacDiarmid）和白川英树（Hideki Shirakawa）关于导电高分子的突破性发现，从根本上挑战了高分子材料作为绝缘体的传统科学观念。20 世纪 70 年代，以聚乙炔为研究对象，他们通过引入共轭双键体系（交替的单双键结构）和化学掺杂技术，首次实现了高分子材料的金属级导电性（电导率高达 10^3 S/cm）。这一现象的核心机制在于共轭结构中 π 电子的离域化，以及掺杂过程中引入的电荷载流子（如空穴或极化子）对导电通道的激活。值得注意的是，该成果不仅验证了固态物理中的能带理论在高分子体系中的适用性，还通过“孤子”载流子模型等创新理论，架起了高分子化学与凝聚态物理之间的桥梁，为后续功能高分子的理性设计奠定了理论基础。

1.5　小结

上文仅列举了 4 项典型的高分子领域诺贝尔奖获得者及其相关成果。事实上，诺贝尔奖获得者所做出的研究成果有不少是产生跨多学科影响的。化繁为简地归纳和回顾这几个直接在高分子领域产生的获奖成果，仍然可以帮助人们一窥高分子学科发展的脉络。

第一，从分子认知到功能设计的递进之路，是高分子科学发展的核心脉络。施陶丁格的长链理论为高分子结构认知奠定了基石，弗洛里的物理化学研究则进一步深化了人们对高分子物理性质的理解。在此基础上，导电聚合物的功能化突破使高分子材料从传统的结构载体向功能载体跃迁。后续层层递进的成就，预示着其在未来材料革命中的引领地位。

第二，高分子科学从建立之初就呈现跨学科融合演进的态势。每一个里程碑式的成就，都离不开化学、物理、工程等多个学科的交叉创新。这种“问题导向”的学科演进方式，使高分子科学能够不断突破传统边界，拓展新的研究领域和应用方向。

在未来，人类解决新问题、大问题的物质基础，仍然需要基于材料革命。只有持续打破学科壁垒，促进跨学科合作与创新，高分子科学方能在可持续与智能化的浪潮中引领材料革命，为人类社会的进步贡献更多力量。

2　中国高分子学科的重大阶段

中国高分子学科的发展历程是一部从追赶模仿到自主创新、从实验室研究到产业赋能的奋斗史。这一进程的推动力，源于国家战略的顶层设计，也离不开一代代高分子领域科学家的开拓性贡献。本节以政策驱动为主线，以院士创新成果为支点，系统地梳理了中国高分子学科的发展脉络、关键突破，探讨学科的未来挑战。

2.1 国家战略与学科发展的重要阶段划分

中国高分子学科的崛起历程，与国民经济的需求和国家科技战略紧密相连，展现出一种与时俱进、不断创新的动态发展轨迹。在奠基阶段（20 世纪 50—70 年代），计划体制下的学科布局为高分子科学的发展奠定了坚实基础。20 世纪 50 年代，依托“156 项重点工程”，中国接受了苏联的技术援助，并在苏联专家的帮助下建立了长春应用化学研究所、北京化学研究所等重要机构。这些机构致力于合成橡胶（如顺丁橡胶）、化纤（如涤纶）等基础研究，有效地填补了国内相关领域的空白。随后，在 20 世纪 60 年代中苏关系破裂后，我国面对外部压力，自力更生，积极响应国防需求，启动了“两弹一星”配套材料的攻关工作。例如，王佛松院士团队研发的耐高温环氧树脂、钱人元院士团队开发的聚丙烯腈基碳纤维原丝技术等，均为战略武器的研制提供了关键材料支撑，彰显了高分子学科在国防科技中的重要地位。

20 世纪 80 年代至 2000 年，新中国的高分子科学、高分子产业进入了追赶阶段，改革开放的市场导向为学科带来了重大发展机遇。例如，1986 年，国家将高分子分离膜、高性能纤维等列入“863 计划”新材料领域，标志着高分子科学正式纳入国家高技术发展计划。徐僖院士团队在这一时期突破了超高分子量聚乙烯（UHMWPE）纤维的制备技术，不仅打破了荷兰 DSM 公司的市场垄断，还成功建成了国内首条千吨级生产线，实现了高技术产业化的重大突破。

2010 年至今，中国开始在某些领域展现出了“领跑”能力，中国高分子学科在创新驱动和全球竞争中展现出强劲的发展势头。“十三五”“十四五”新材料规划将高性能树脂、生物基高分子、智能材料等列为战略性新兴产业，为高分子科学的发展指明了方向。2020 年，科技部启动的“变革性技术”专项，更是对高分子材料基因工程、二氧化碳基塑料等前沿方向给予了重点支持，推动了高分子科学的深入研究和创新应用。“双碳”目标的提出，对高分子材料的绿色低碳发展提出了新的更高要求，高分子学科和产业也进入了新的发展阶段。

2.2　院士群体：学科突破的先锋力量

中国科学院成立于新中国成立伊始，是中国自然科学最高学术机构、科学技术最高咨询机构、自然科学与高技术综合研究发展中心。中国工程院成立于 1994 年，是中国工程科学技术界最高荣誉性、咨询性学术机构。

按照章程，两院每两年增选一次院士。两院院士都是由国家设立的终身荣誉，是科学技术方面和工程科学技术方面的最高学术称号。

在学术成就方面，当选中国科学院院士须在科学技术领域取得了系统性和创造性的重要成就，并为中国科学技术事业或人类文明进步作出了突出贡献；当选中国工程院院士须在工程科学技术方面作出重大的、创造性的成就和贡献。中国工程院还进一步阐述了上述重大的、创造性的成就和贡献是指面向世界科技前沿、面向经济主战场、面向国家重大需求、面向人民生命健康，候选人在工程科技领域有重大发明创造和取得重要研究成果，并有显著应用成效；或在重大工程、重大科研任务和重大科技基础设施建设中，创造性地解决关键科学技术问题，作出重大贡献；或为重要工程科技领域的奠基者和开拓者。以上各项包括在培养工程科技人才方面取得的成就和作出的贡献。

中国高分子学科的发展史，如同一部波澜壮阔的创新史诗，而这部史诗的书写者中，院士群体无疑是最为耀眼的篇章。他们以国家需求为指引，在基础研究的深耕细作、技术开发的勇攀高峰以及工程化的实践探索中，实现了多项“从 0 到 1”的突破。

下文以两院院士的当选年份为线索，梳理新中国高分子学科的重要发展节点。需要说明的是，此处对当选院士的学术成就均基于中国科学院网站所公布的权威信息加以整理，重心在于梳理我国高分子领域的发展脉络，并未完全展示当选院士所有的学术成就。

1980 年，5 位高分子领域的资深专家当选为中国科学院院士（当时称谓为“学部委员”），他们在中华人民共和国成立前获得学位，多在海外高水平大学学习、工作后，怀着拳拳爱国赤诚之心报效祖国，分别为冯新德、钱人元、何炳林、钱保功、王葆仁。

冯新德院士的研究领域为烯类自由基聚合，在抗凝血材料与药物控释体系、高分子老化与生物老化的初始反应机理方向也进行了研究工作。1949 年即在国内率先开设高分子化学课程，为中国高分子化学奠基人之一。

钱人元院士从事高分子物理学及力学和流变学研究，是我国高分子物理研究与教学的奠基人，20 世纪 70 年代在我国开创有机固体研究领域，在载流子迁移性质、导电聚吡咯的聚合机理和分子链结构等方面作出了贡献。20 世纪 80 年代以后他致力于高分子凝聚态基本问题的研究，提出了一些新概念和物理图像来全面理解高分子凝聚态。

何炳林院士的主要研究领域为离子交换树脂与吸附树脂的合成、结构与性能。1958 年，他开始指导工业化生产，研究各种树脂的作用，包括提取原子弹的原料（铀）。1978 年以后，他的研究工作扩展至反应性高分子的医学和工业应用领域。

钱保功院士在国内开创了合成橡胶、高分子辐射化学、高聚物黏弹性能和高分子固态反应等方面的研究。他对合成橡胶的力学性能、黏弹性能、分子运动等方面也进行了深入、系统的研究。

王葆仁院士对有机硅高分子的合成进行了深入研究，对耐高温杂环高分子的合成及性能进行了广泛研究，并在应用方面做了许多开拓性工作。20 世纪 70 年代，他开始加强高分子大品种（如聚丙烯等）的研究，并深入烃类化学领域。

1980 年的院士增选，可以看作对新中国高分子学科建设功勋的一次阶段性总结与表彰。可以看出，从新中国成立至改革开放之初的这 30 多年间，学科发展的重点在于系统建立学科，为国防和重大工业关键领域提供技术支持和培养人才队伍。

1991 年，高分子领域增选了多达 6 位中国科学院院士，分别为程镕时、黄葆同、黄志镗、沈家骢、王佛松、徐僖。

程镕时院士的研究领域为高分子表征和溶液黏度，提出了一系列应用广泛的公式和团簇理论。他对凝胶色谱的研究，阐明了多孔填料的成孔机理，并提出凝胶色谱扩展效应和分离效应的统一理论和绝对定量化原则，以及一种研究分子水平上吸附作用和分子间配合作用的有效而直接的定量方法，拓展了凝胶色谱的应用范围。

黄葆同院士的研究以聚烯烃为主多相聚合物，包括共混和嵌段、接枝合成及其用于共混增容。他利用共晶和极性 / 非极性相互作用原理，设计增容剂，使聚烯烃 / 极性聚合物共混为新材料，并深入研究体系的界面和结晶行为。他对烯烃共聚物的聚合机理也进行了深入研究。

黄志镗院士在 20 世纪 50 年代从事有机硅化合物和有机硅高分子的研究；20 世纪 60 年代起从事酚醛树脂、环氧树脂等增强塑料及耐高温高分子的研究，在交联型聚酰亚胺和合成三嗪交联的新型耐高温高分子上都有创新；20 世纪 80 年代起进行杂环化学、杯芳烃化学等的研究。

沈家骢院士运用模型与概率函数建立了聚合反应机理与分子量分布的定量关系，将链段按分子模型处理，建立较完整的共聚反应统计理论。他用顺磁共振研究了本体聚合中自由基的浓度与结构的变化，提出了扩散控制图像；制成了纳米级高分子微粒及“浮萍”、倒“浮萍”形的超薄膜等。

王佛松院士参与和领导顺丁及异戊橡胶的研究和开发工作，发明了异戊二烯定向聚合稀土催化剂，并初步阐明其活性中心的形成和结构以及催化机理。他在导电高分子聚乙炔、聚苯胺研究中也取得了一系列创新性成果。

徐僖院士是国际高分子力化学的引领者之一，他采用超声波和高速搅拌等手段制得了 18 种难以用一般化学方法合成、可用作不相容聚合物体系的增容剂，油气田开采和勘探的化学剂，二次采油的表面活性剂以及金属冷加工润滑剂等新型高分子材料。

1991 年的院士增选，距离上一次学科增选跨度长达 11 年，从上述代表性成果可以看出，这一段时期的学科重点转向具有更杰出性能的高分子（如高强、耐热、导电、吸附等）。高性能高分子的开发和生产，是西方秘不示人的，为打破这些技术壁垒，提升国家的战略安全性，这一代高分子领域的院士作出了杰出的示范。

在随后的 10 年间，院士增选进入某种“常态”，中国科学院每 2 年增选 1 位高分子领域的院士，分别是林尚安（1993）、沈之荃（1995）、卓仁禧（1997）、周其凤（1999）、曹镛（2001）。

林尚安院士研究烯烃高效催化聚合、共聚合与聚合理论及各种聚烯烃的合成，探明各种烯烃催化聚合反应规律和最佳聚合条件，研制多种新型高效催化剂，先后用于合成不同规格的 11 种烯烃共聚物。

沈之荃院士于 20 世纪 60 年代早期率先研制三元镍系顺丁橡胶，奠定了中国 5 个万吨级顺丁橡胶生产厂聚合工艺的基础。深入研究稀土化合物作为催化剂，用于丁二烯等双烯烃定向聚合、聚合乙炔、苯乙炔光电导材料、固定 CO_2- 与环氧烷烃共聚得到高分子量、热稳定和可降解聚碳酸酯等。

卓仁禧院士在 20 世纪 70 年代成功研制有机硅光学玻璃防雾剂，用于多种光学器件作为保护涂层。20 世纪 80 年代后，他系统地研究生物可降解高分子的合成、表征及其在生物医学领域的应用。在聚磷酸酯合成方法的研究中，他发现新的溶液缩聚催化反应和脂肪酶催化含磷环状单体的开环聚合反应。

周其凤院士提出了甲壳型液晶高分子的概念，并从化学合成和物理性质等角度给出了证明，对液晶高分子取代基效应的研究发现，通过共聚合或提高分子量可以使亚稳态液晶高分子转变为热力学稳定的液晶高分子等原理，并发现了最早人工合成的热致性液晶高分子等。

曹镛院士在用有机质子酸掺杂聚苯胺制备可溶性聚合物的基础上，提出“对阴离子诱导加工性”的概念，解决了导电高分子的高导电性与加工性不能兼容的难题。此外，成功地研制出可弯曲的塑料片基发光二极管，使铝阴极 LED 的电荧光量子效率达到甚至超过钙阴极器件。在国际上首次报道电致发光与光致发光之比可高达 50%，提出大幅度提高聚合物发光效率的一种新途径。

这 10 年间高分子领域的重大成果具有“承前启后”的特征。“承前”指的是在大规模生产使用的高分子（如聚烯烃、橡胶）上，我国科学家的研究持续推动重要技术的国有化和进一步深化；而“启后”，是在一些新兴领域，我国科学家已经作出了具有国际领先水平的系列贡献。

1994 年，国家设立中国工程院，随即评选了第一批工程院院士。在中国科学院，高分子领域的专家集中在化学部；而在中国工程院，高分子领域的专家由于研究方向的差异，会分属于化工、冶金与材料工程学部或环境与轻纺工程学部。按照工程院院士增选章程，每隔 2 年、奇数年评选一次。因此，时隔一年，即 1995 年，又进行了增选。我们将这两届评选的院士看作工程院首批院士。

改革开放之后，经历了一段时期的工业化、产业化的发展，造就了一批杰出的技术专家。因此，首批高分子领域的工程院院士有 7 人，分别是段镇基和季国标（1994），李俊贤、毛炳权、徐端夫、郁铭芳、周翔（1995）。

段镇基院士开创了新的助鞣技术，仅改变鞣制反应机理，就能加工出多品种的皮革。使生产的山羊面革质量接近国际先进水平，猪高档软底革质量接近进口黄牛底革。他首先发展了皮革树脂涂饰技术，能加工修饰粒面革，为美化猪革、利用残次原皮找到了新途径。

季国标院士是我国化纤产业化的奠基人之一，作为总师、副总师主持我国最早的多家化纤厂的建设和投产，后主持拟定 20 世纪八九十年代我国化纤发展总体规划。他也积极推进机电一体的纺机国产化。

李俊贤院士在高分子领域的研究成果与聚氨酯紧密相关，为我国聚氨酯工业从关键原料、助剂、配方、加工工艺直至制品生产的成套技术的发展发挥了重要作用。

毛炳权院士在烯烃聚合催化剂、聚合机理、聚合工艺、聚烯烃结构和性能等方面从事研究工作，他重视技术创新和成果产业化，发明的一系列聚丙烯催化剂产生了巨大的经济效益。

徐端夫院士致力于揭示聚丙烯难以纺丝的科学本质和研究聚丙烯纤维（丙纶）纺丝新方法，解决了丙纶在常规纺丝和高速纺丝中的技术难题，开发出聚丙烯降温母粒、丙纶专用树脂和高速纺、细旦丝专用树脂等一系列聚丙烯树脂新产品，并开发出一系列纺丝工艺技术。

郁铭芳院士对我国的纺织用合成纤维的自主化、国产化作出了重要贡献。如参加筹建中国首家自行设计的上海合成纤维实验工厂、第一条锦纶生产线、大规模聚酯切片项目等。

周翔院士的研究方向为纺织品处理，如阻燃性整理、超低甲醛 DP 功能整理、无甲醛防皱整理、防护服和口罩外层棉布面料的拒液功能整理等，研发成果取得了巨大的社会效益和经济效益。

首届中国工程院院士领衔的研究成果，聚焦国计民生重大产业的关键技术难题，成果的受众面广，社会经济效益十分显著。

随后中国工程院院士的增选进入 2 年一届的常态化，直至 21 世纪初，与高分子材料和产业相关的增选院士分别为孙晋良（1997）、陈克复（2003）。

孙晋良院士在特种纤维及特种纺织材料等领域进行了大量的研究和开发工作。研究成功的导电性合成纤维、复合材料成型用辅料—吸胶透气材料等成果在劳动防护、航空航天等领域均得到了应用，并取得了良好的经济效益。他研制成功的各类碳 / 碳复合材料已应用于多种固体火箭发动机喷管系统及防热系统。

陈克复院士的主要研究方向为纤维悬浮液流动力学及流变学、中高浓制浆技术、纸页形成技术、涂料与涂布技术、废纸脱墨制浆技术及造纸废水处理。他领衔的团队改变了造纸行业水污染的治理模式，实现了清洁生产与末端治理相结合的水污染全过程控制，让造纸行业走上了循环经济、绿色发展、清洁生产的轨道。

在中国科学院，2003 年和 2005 年高分子领域迎来了一个小高潮，每次增选 2 名中国科学院院士，分别为吴奇和杨玉良（2003）、江明和颜德岳（2005）。

吴奇院士深入研究了高分子链的构象变化、组装以及高分子凝胶，对人们理解高分子溶液中链的构象、动力学和相变化作出了重要贡献。

杨玉良院士对于高分子共混、嵌段共聚高分子、液晶和囊泡等高分子的混合、复杂体系的高分子链运动和形成的结构，建立和创立了一系列可描述、可定量的理论研究方法。

江明院士深入研究嵌段共聚物 / 相应均聚物高分子链构造的作用，提出高分子共混物通过氢键相互作用可实现“不相容—相容—络合转变”的概念，提出和证实了基于氢键相互作用的聚合物胶束化的新途径，制备出新材料。

颜德岳院士利用不同聚合反应基团的活性差别，建立了用商品化的双组分单体原位合成 AB2 型中间体的方法，用于大量制备超支化聚合物；进而提出了超支化聚合物的分子堆砌模型和宏观分子自组装机理，实现了宏观尺度的分子自组装。

在 2000 年前后，以工程院当选院士为代表的成果，已经显示出我国对特种高分子、高性能高分子，尤其是大规模生产的需求。而这一时期的高分子科学领域，深入到更加复杂与微观的组成和结构。

2007—2023 年，高分子领域增选的中国科学院院士回归“匀速”，每届当选 1 位（2019 年例外，当选 2 位），分别为张希、唐本忠、张俐娜、李永舫、安立佳、杨万泰、陈学思和朱美芳（2019），马於光（2021），彭慧胜（2023）。

张希院士提出了超两亲分子的新概念，在超分子化学与胶体界面化学之间建立了新的桥梁，并以此实现了可控的分子自组装与解组装。他还建立了若干超分子聚合新方法，合成了多种超分子新材料。

唐本忠院士发明了合成炔类聚合物的新催化体系，开拓了从炔类单体制备线性和超支化高分子的新聚合途径，制备了一系列新功能材料。他还发现和阐释了反常的聚集诱导发光现象，并将该效应有效地应用到多个技术领域。

张俐娜院士突破了高分子加热溶解的传统方法，设计了简单的水溶液低温条件，成功地溶解了难溶天然高分子，开创了高分子低温溶解的技术及新机理，在此基础上制备出一系列新材料。

李永舫院士采取了一系列创新的分子设计，刷新了太阳能电池光伏器件效率的纪录，推动了聚合物太阳能光伏材料领域的发展。

安立佳院士提出了“高分子链部分穿透球模型”，发展并建立了高分子特性黏度的普适性理论。提出了“缠结高分子流体剪切抑制解缠结”的新概念，合理地描述了传统理论无法理解的缠结高分子流体非线性流变学现象。

杨万泰院士提出“表面受限反应”概念和实施方法，由此发展了一整套光催化表面 C—H 键转化新反应体系，可对聚烯烃等各种高分子进行多层次表面改性。在聚合方法上，他建立了可控 / 活性自由基聚合新方法、自稳定沉淀聚合绿色新技术等。

陈学思院士的主要研究领域为交酯和环酯开环聚合催化剂的合成与性能表征，具有功能性的生物可降解高分子材料的开发、应用和产业化。

朱美芳院士提出并建立了热塑性聚合物纤维功能化设计思路和全流程功能化技术体系，解决了合成纤维兼具功能性和舒适性的难题，创建了介观诱导制备智能纤维的新方法，推动了中国纤维质量“由低到高”、产业“由大到强”的进步。

马於光院士在聚合物发光材料领域提出了“杂化激发态”（HLCT）、“热激子”等设计新概念，利用磷光材料提高电致发光器件效率，发现了被命名为 X- 聚集的发光效率最高的分子排布方式，解决了聚集猝灭荧光的问题。

彭慧胜院士突破能源和电子器件平面结构的传统研究范式，提出并实现了新型纤维状的发电器、储电器等 22 种不同功能的新型器件。系统总结了纤维器件在制备、结构、性能、应用等方面的规律，揭示了电荷在高曲率纤维表界面快速传输的机制，提出了纤维电子学新方向。

进入 21 世纪的第二个、第三个十年，能源、信息和环保是整个时代的背景。高分子领域的发展与时代背景紧密结合。以导电、光电转化、发光为代表的研究成果与能源、信息紧密相关，与天然高分子和可生物降解高分子的研究进展促进更加绿色的环境。

2007—2023 年，当选的中国工程院院士为张全兴（2007），石碧（2009），陈祥宝和瞿金平（2011），蹇锡高和俞建勇（2013），王玉忠（2015），王琪和张联盟（2017），陈文兴（2019），张立群、邢丽英、王双飞（2021）。

张全兴院士成功研制了系列大孔离子交换树脂和超高交联吸附树脂，广泛应用于重要领域。在水污染防治方向从事复合功能等特种树脂的合成与性能研究以及树脂吸附理论、吸附新技术、新工艺的研究及其工程应用，引领和推动了中国高浓度难降解有机工业废水治理与资源化，为工业水污染治理与节能减排和重点流域水环境安全作出了突出贡献。

石碧院士系统地研究和开发了无铬鞣制技术及其系列关键配套材料，并实现产业化应用，对推动中国制革工业的无铬化进程具有重要意义；研究和开发了酶助保毛脱毛、无氨脱灰、无氨软化等制革清洁技术及其关键配套材料，并实现产业化应用；研究和开发了将制革废弃皮屑转化为系列先进功能材料的方法和技术，对制革废弃物资源化利用具有示范意义。

陈祥宝院士研制了耐高温高韧性复合材料、低温固化高性能复合材料和结构吸波一体化复合材料，发展了复合材料制造过程模拟优化和自动铺放技术，提升了树脂基复合材料性能和制造技术水平，他的研究成果在先进歼击机、运输机和无人机等研制中得到大量应用，有力地支撑了中国国内航空装备的发展。

瞿金平院士从事高分子材料成型加工技术与装备及其理论的研究与教学，在国际上率先提出塑料振动剪切形变和体积拉伸形变动态成型方法及原理，系统发展了高分子材料加工成型理论，发明并研制成功一系列塑料成型加工新技术及装备，成果产业化效果显著。

蹇锡高院士发明了 PPENS 系列高性能工程塑料，既耐高温又可溶解，解决了传统高聚物不能兼具耐高温和可溶解的技术难题，提出了高性能高分子设计新思想，并开发出一个结构独特的高性能高分子新体系。

俞建勇院士突破黄麻纤维精细化与制品加工关键技术，推动天然纤维资源的深度开发与利用；攻克竹浆纤维制造及其产品应用关键技术，促进生物质纤维的产业化发展；研发新型环锭集聚纺技术及加工系统，提升产品品质与附加值；研发特种纺织复合结构及其成形关键技术，该技术成功地应用于新型战略武器系统并起到重要作用。

王玉忠院士提出和发展了新的阻燃原理和技术，有效解决了赋予材料高阻燃性与其高性能化相矛盾的难题，该技术在不同高分子材料中得到广泛应用，市场占有率高，取得显著的经济效益。他还提出发展可高回收率回收其单体的完全生物降解高分子材料是解决一次性使用塑料制品废弃物造成环境污染和资源浪费的有效途径，发明了可反复循环利用并且可完全生物降解的高分子材料新技术。

王琪院士发明了固相力化学加工新装备，建立多项基于固相力化学的高分子加工新技术，室温超细粉碎黏弹性高分子材料，高值高效回收利用难再生废弃塑料和橡胶，规模化固相高值利用纤维素、贝壳等天然生物质材料，规模化制备聚合物基微纳米功能复合材料，发明了聚合物管旋转挤出新装备、新技术，制备高性能聚合物管等，她的多项成果已在多家企业产业化。

张联盟院士持续研发出具有热应力缓和功能、准等熵加载功能、能量传递与调控功能以及原位防 / 隔热功能等的梯度材料新结构、新技术，应用于多个国防与民用重要领域。他还提出了研制波阻抗梯度材料（梯度飞片）的思想和方法，建成了中国唯一的梯度飞片材料的生产、供货基地，为建立我国相关工程领域提供了关键材料与支撑技术。

陈文兴院士在蚕丝蛋白质结构和性质、生丝高质量制备技术、高黏聚酯熔融缩聚反应器、涤纶工业丝熔体直纺技术、功能性纤维等方面取得重要研究成果，提高了我国生丝质量整体水平，攻克了熔融缩聚制备高黏聚酯熔体的技术难题，实现了涤纶工业丝高效节能生产。

张立群院士致力于橡胶材料高性能化理论与技术、绿色橡胶材料、特种功能橡胶材料三个研究方向，培养和建立了高水平研究团队，在基础研究和科技成果转化两方面均做出了突出成绩，取得了显著的经济效益和社会效益。

邢丽英院士负责了“国家 973”“国家 863”以及多个预先研究、型号关键技术攻关等重大项目，所研制的结构功能一体化和低温固化复合材料及其制造技术等在武器装备中得到大量应用。

王双飞院士研发的纸浆清洁漂白和废纸清洁制浆关键技术已成为国际相关领域的主流技术，实现了中国造纸工业重大技术装备创新。

可以看出，新材料、新工艺、新技术、新设备，在这一时期深度融合、广泛交织在一起，不断构建我国各个国民经济产业的新业态，推动我国材料、装备等产业持续革新和进步。

通过回顾历年当选院士所作出的重大贡献，梳理中国高分子学科的建设经历，验证了“集中力量办大事”的制度优势与“战略科学家”的关键作用。未来，面对全球化竞争与碳中和目标，唯有继续强化政策的前瞻性布局与院士群体的原创性引领，方能实现从“材料大国”向“材料强国”的跨越。在这一进程中，高分子科学不仅支撑中国制造业的升级，更为全球可持续发展贡献东方智慧。

3 经典高分子合成与加工理论的局限性

回顾历史的目的是为了指导实践和展望未来。在回顾高分子领域相关的诺贝尔奖成果和以两院院士为代表的新中国高分子领域的成就之后，本节探讨经典高分子合成与加工理论在面对未来挑战时所显示出的局限性。

3.1 经典高分子合成理论的框架与历史贡献

高分子科学的诞生与发展，其源头可追溯至20世纪初对合成高分子材料的基础探索。在这一时期，经典高分子合成理论逐渐形成，并以链式聚合和逐步聚合为核心，为现代高分子工业奠定了坚实基石。相关理论框架不仅为高分子材料的合成提供了理论指导，还推动了高分子工业的快速发展。然而，随着科技的进步和需求的多样化，经典高分子合成理论的设计逻辑与技术路径在应对复杂需求时逐渐显现出不足，这促使科学家们不断探索新的合成方法和技术。

自由基聚合作为经典合成理论的代表，其机理简单、适用性广泛，成为工业化进程的重要引擎。自由基聚合的发明和应用，极大地推动了聚乙烯（PE）、聚苯乙烯（PS）等通用塑料的量产。一个代表性案例是德国法本公司在20世纪30年代通过自由基乳液聚合成功实现了丁苯橡胶（SBR）的工业化生产，有效解决了天然橡胶短缺的问题。然而，自由基聚合也存在一定的局限性。其对反应条件（如温度和引发剂浓度）的强依赖性，导致合成的高分子材料分子量分布较宽（PDI＞2），而影响了材料的均一性和性能。

缩聚反应则是高性能材料合成的起点。通过逐步增长机制，缩聚反应能够合成出聚酯（PET）、聚酰胺（尼龙）等工程塑料。其中，杜邦公司的华莱士·卡罗瑟斯（Wallace Carothers）于 1935 年发明了尼龙 -66，其强度和耐热性远超天然纤维，为工程塑料的发展开辟了新的道路。缩聚反应面临的挑战主要在于，由于需要高纯度的单体和精确的化学计量比，副产物（如水、HCl）的去除增加了能耗和成本。此外，缩聚反应的工业化放大难度较高，需要严格的工艺控制和设备要求。

配位聚合的发明则是立体规整性突破的重要标志。1953 年，齐格勒—纳塔催化剂的发明实现了聚烯烃［如高密度聚乙烯（HDPE）、等规聚丙烯（iPP）］的立体选择性聚合。这一技术的出现，使聚丙烯的熔点从无规结构的 80℃提升至等规结构的 165℃，极大地提高了聚丙烯的性能和应用范围。配位聚合技术推动了聚丙烯在汽车、包装等领域的广泛应用。然而，配位聚合也存在一些局限性。由于催化剂对杂质高度敏感（如水、氧气），反应体系需严格保持惰性条件，这增加了设备投资与维护的成本。配位聚合的反应条件也较为苛刻，需要精确的控制和操作。

3.2　高分子经典合成理论的局限

经典合成理论在推动高分子材料广泛普及的过程中，其内在缺陷也逐渐暴露出来，这些问题主要集中在分子结构的不可控性、过程效率与能耗困境，以及环境外部性的累积。

首先，分子结构的不可控性是经典合成理论的一大缺陷。聚合反应往往难以精确控制聚合物的支化度、序列分布以及拓扑结构，使高分子在本质上是分子量不完全相同的“混合物”。以低密度聚乙烯（LDPE）为例，其长支链结构虽然赋予了材料较高的熔体强度，但支链分布的随机性导致加工窗口狭窄，使制品在加工过程中容易出现翘曲现象。此外，传统方法在聚合过程中也难以精准地引入官能团（如羧基、环氧基等），这极大地限制了材料的功能扩展。美国陶氏化学曾尝试通过共聚改性来提升聚乙烯的极性，但由于反应效率不足 30%，最终未能实现商业化。

其次，过程效率与能耗困境也是经典合成理论面临的重要问题。缩聚反应通常需要高温（>200℃）与高真空（<1 kPa）的条件来移除副产物，这使生产过程能耗较高。以生产 1 t PET 为例，其耗能约 3.5 MW · h，是生物基 PLA 耗能的 2 倍。此外，齐格勒—纳塔催化剂在聚丙烯生产中的应用也带来了催化剂依赖与污染的问题。每吨聚丙烯的生产会产生 50 kg 含金属废渣，处理这些废渣的成本占生产总成本的比例较高，这不仅增加了生产成本，也造成了环境压力[95]。

最后，环境外部性的累积也是经典聚合反应实践中难以忽视的问题。例如，在聚氨酯（PU）的合成过程中，依赖的异氰酸酯蒸气具有强致敏性，工人长期暴露于这种环境中存在健康风险。此外，在自由基聚合过程中，未反应的单体（如苯乙烯）残留量较高，需要通过脱挥处理来去除，这导致挥发性有机物（VOCs）的显著排放，对环境造成了严重影响。

3.3 经典高分子加工理论的短板

经典高分子加工理论的基石在于流变学与传热学，通过一系列经验模型为挤出、注塑等工艺的优化提供了有力指导。然而，随着材料科学的不断发展，这一理论在微观结构调控方面的不足日益明显，难以满足当前对高性能与多功能材料的需求。

首先，流变学模型的简化假设在实际应用中出现了失效情况。经典流变学往往将熔体视为幂律流体，这种简化忽略了分子链缠结与松弛的时空异质性，从而导致预测的不准确性。如高密度聚乙烯（HDPE）在高速剪切条件下，表面会出现“鲨鱼皮”缺陷，传统模型无法预测这一现象的临界剪切速率。此外，对于多相体系（如玻纤增强塑料），其流动各向异性会导致制品力学性能的波动，实验试错成本高昂，占据了开发周期的很大一部分。

其次，加工—结构—性能之间的关联在高分子加工过程中出现了断裂。在注塑过程中，冷却速率对结晶度的影响缺乏定量模型，这使聚丙烯（PP）制品因结晶不均而导致收缩率差异较大，报废率较高。此外，共混材料的相形态对其最终性能起着决定性作用，但经典理论却无法指导相容剂的选择与添加量的优化，只能依赖耗时的控制变量法来不断试错和调整。

最后，高分子加工理论在能源效率与可持续性方面的短板逐渐突出。传统挤出机的比能耗较高，而新型双螺杆挤出技术虽然能将能耗降低，但已面临设备换代进展缓慢的问题。多次加工会导致分子链断裂，使再生塑料的拉伸强度等力学性能大幅下降，无法再应用于高值领域（如食品包装）。再生塑料的市场价格也较原生料显著下降，极大地限制了高分子材料的循环回收和可持续利用领域的发展。

3.4　环境与可持续性挑战的不可调和性

高分子科学领域的经典理论，除了上述长期难以解决的局限外，在环境可持续性方面的缺陷，已经日益凸显，成为制约高分子科学发展的最大瓶颈。其本质是根深蒂固的线性经济导向与末端治理逻辑，已然无法有效应对全球碳中和目标的迫切需求以及资源循环利用的时代要求。

经典理论对化石资源的深度依赖，导致碳足迹的锁定问题。全球高达 95% 的高分子原料均源自石油，这种单一的来源不仅加剧了能源消耗的压力，还使碳排放问题越发严峻。以聚乙烯（PE）为例，每吨 PE 的生产过程中会排放出 3 t 二氧化碳，其全生命周期的碳排放量已占全球总量的 3.8%。若继续维持当前的增速，到 2050 年，这一比例还将显著提升。尽管生物基单体（如乳酸、糠醛）提供了潜在的替代方案，但经典合成路径却难以与之兼容。以 NatureWorks 公司生产聚乳酸（PLA）为例，需将乳酸纯化至 99.9%，该过程能耗较石油基聚对苯二甲酸乙二醇酯（PET）高出 30%，生物基原料替代的进程因此受阻。

循环技术的基础理论缺失，是经典理论在环境可持续性方面的重大缺陷。传统聚合理论在设计时并未考虑解聚的可行性，这导致高分子材料的化学回收面临高温高压（＞200℃，＞2 MPa）等严峻条件，且解聚率不足 80%。同时，回收得到的单体纯度往往难以满足再聚合的要求，循环利用率大打折扣。当前，成熟的高分子分选技术（如密度浮选、红外识别）在处理黑色塑料、多层复合材料时识别率不足，再生料中杂质含量高，严重限制了其应用场景和循环利用的潜力。

经典理论在未来高分子行业必须面对的环境可持续性问题，也无法解决添加剂的毒性问题，当前的产业已经形成了技术路径依赖。增塑剂与阻燃剂在高分子材料加工中扮演着不可或缺的角色，而使用却带来了严重的环境问题。以聚氯乙烯（PVC）加工为例，需添加 30%～40% 的邻苯二甲酸酯增塑剂，其渗出会导致水体污染。尽管欧盟 REACH 法规已限制其使用，但替代品（如柠檬酸酯）成本高昂，且性能上存在不足。同样，聚烯烃加工中依赖的酚类抗氧剂，其降解产物（如醌类化合物）具有生态毒性，然而目前尚无成熟的替代方案，这使得环境代价巨大。

4 小结：高分子学科的重大节点与发展瓶颈

高分子科学的发展历程是一部由理论突破、技术创新与可持续发展需求共同驱动的学科演进史。本章通过系统梳理诺贝尔奖成果的奠基性贡献、中国高分子学科的崛起路径、经典理论的局限性以及未来突破方向，揭示了学科发展的内在逻辑与时代使命。

4.1 诺贝尔奖成果奠定了高分子科学的理论基石并推动了跨学科融合

20 世纪中叶以来，四项里程碑式的诺贝尔奖成果深刻地影响了高分子科学的建立和发展。施陶丁格的长链理论颠覆了胶体学说，确立了高分子作为独立大分子的科学地位；齐格勒与纳塔的立体选择性聚合催化剂实现了分子结构的精准调控，催生了工程塑料革命；弗洛里的统计理论从热力学角度揭示了高分子溶液的定量规律，为材料设计提供了理论工具；导电聚合物的发现则架起了化学与凝聚态物理的桥梁，拓展了功能材料的应用边界。这些成就不仅印证了“从结构认知到功能设计”的学科发展主线，更凸显了化学、物理、工程等多学科交叉创新的必要性，为后续智能材料与能源转化等前沿领域提供了参考。

4.2 中国高分子学科的崛起历程体现了国家战略与科学家群体的协同效应

中华人民共和国成立以来，学科发展经历了三个阶段：奠基阶段（20 世纪 50—

70 年代）以国防需求为导向，依托“两弹一星”工程突破耐高温树脂、碳纤维等关键技术；追赶阶段（20 世纪 80 年代至 2000 年）通过“863 计划”推动产学研融合，如超高分子量聚乙烯纤维、聚氨酯技术等实现国产化突破；领跑阶段（2010 年至今）则以创新驱动为核心，如纤维素低温溶解技术、纤维电子学等成果都达到国际领先水平。两院院士作为战略科学家，始终是学科突破的核心力量——从冯新德、钱人元等奠基人构建学科体系，到新生代领军者探索生物基材料与智能高分子，院士群体不仅实现了“从 0 到 1”的原创突破，更通过人才培养与平台建设为学科持续发展注入动能。这一历程验证了“集中力量办大事”的制度优势，也为全球高分子科学发展提供了“中国模式”的实践样本。

4.3　经典合成与加工理论的局限性已成为制约学科可持续发展的关键瓶颈

在合成领域，自由基聚合的分子量分布宽、缩聚反应的高能耗、配位聚合的苛刻条件，导致材料均一性不足与环境代价高昂。在加工理论方面，模型的过度简化无法预测材料加工过程中的问题和材料性能，而加工—结构—性能的关联断裂迫使研发依赖试错法，显著增加成本与周期。更严峻的是，环境可持续性挑战凸显理论框架的先天缺陷。95% 的高分子原料依赖化石资源，高分子全生命周期碳排放比重高，回收方法对原料纯度要求高。此外，添加剂的毒性问题暴露了产业技术路径的锁定效应，亟须理论创新破解环境与健康风险。

本篇通过历史回溯与瓶颈剖析，揭示了学科从理论奠基、应用拓展到可持续发展探索的演进脉络。经典理论的局限性则警示，唯有打破路径依赖、丰富理论框架，方能应对全球碳中和与资源循环的迫切需求。中国作为高分子科研的重要力量，需继续发挥制度优势，在精准合成、智能加工、循环技术等领域实现原创突破，推动学科从“跟跑”到“领跑”的质变，为全球材料革命与可持续发展贡献中国智慧。这一进程不仅是高分子科学的自我革新，更是人类迈向绿色文明的关键一步。

[illegible]

[illegible]

[illegible]

[illegible]

[illegible]

[illegible]

第 4 篇

高分子循环科学与技术的现行体系

1　高分子废弃物回收技术的全球实践与瓶颈

高分子材料（尤其是塑料）的广泛使用与低效回收，已引发严重的环境污染与资源浪费问题。全球每年产生的固体废物多达 20.1 亿 t，其中废塑料约占 12.0%[96]。1950—2015 年，全球共生产了 63 亿 t 塑料垃圾，年均产量约为 1 亿 t[2]。然而，这些塑料垃圾平均仅有 9.0% 和 12.0% 分别被回收利用和焚烧处理，大部分（49 亿 t）的归宿是被填埋或者直接排放到自然环境中 [2]。塑料的降解产物——微塑料——已渗透至深海、极地甚至人体血液，而石油基高分子材料的持续生产加剧了碳排放与资源枯竭。然而，塑料仅是高分子五大门类当中的一个，还有橡胶、纤维等五大类几百种高分子制品。一方面，不能将高分子废弃物带来的环境问题等同废弃塑料所带来的问题；另一方面，能够处理好废弃塑料的方法也未必能够处理其他品种的高分子。

面对海量高分子制品的生产和废弃的重大挑战，全球应通力合作，通过技术创新、政策引导与社会动员，探索全门类高分子废弃物的回收路径。本节基于高分子回收利用的全球实践现状，剖析回收技术的进展与挑战。

1.1　高分子回收的总体情况和中国实践

以高分子为主体的材料或制品分为塑料、纤维、橡胶、涂料和胶黏剂、功能高分子材料、高分子基复合材料六大门类。高分子的循环应完全囊括上述六大门类。

前文已经介绍过，从总体上看，消费后塑料的主要流向是焚烧和填埋，还有一部分由于处理不当进入自然环境中，最终只有不到 10% 的塑料废弃物被回收和利用。

纤维被制成纱线，随后制成纺织品，这是高分子纤维的主要用途。部分纤维会用于材料增强。这些产品都是多种材料的混合物。以服装制品为例，除了少数质量较好、成色较新的衣物会进入二手服装市场外，大部分服装会被焚烧、填埋处理。

橡胶最主要的用途为轮胎。各种交通工具在报废时通常会集中回收和拆解，这使废旧橡胶的主体部分得以集中处理。但作为轮胎的橡胶被加入大量的纤维、炭黑，在多年使用后老化，采用橡胶跑道和球场等能够消纳一小部分废旧轮胎，但治理废旧轮胎的主体还需借助焚烧和填埋。橡胶还被用作床垫、枕头、手套、各类垫片等，相较轮胎，这些制品难以实现集中回收和循环利用。

用作涂料和胶黏剂的高分子，在固化后难以被分离，它们遍布于各种器物和材料内部或表面，随器物或材料主体的报废一并处理。

功能高分子材料总体产量不高，一般具有较高附加值，可在特定使用环境中应用。

高分子基复合材料（如玻纤、碳纤增强的环氧树脂）使用在需要轻质高强特征的场景，在材料老化、失去应有的机械强度以后，一般直接废弃（填埋、焚烧），或只回收其中价值最高的组分——碳纤维，再将其用在其他低强度要求的材料上。

当前的高分子回收利用，一般讨论产量最大的塑料、纤维和橡胶，作为涂料和胶黏剂、功能高分子、高分子基复合材料中的高分子，其回收和循环尚未系统跟踪。这也是高分子循环学科体系之中应当被纳入考虑的领域。

无论是学术研究还是工业化，人们对塑料的回收和利用的研究与实施较为成熟。一种常见的分类方法将回收和利用分成 4 个级别，即初级、二级、三级和四级回收（图 4-1）。

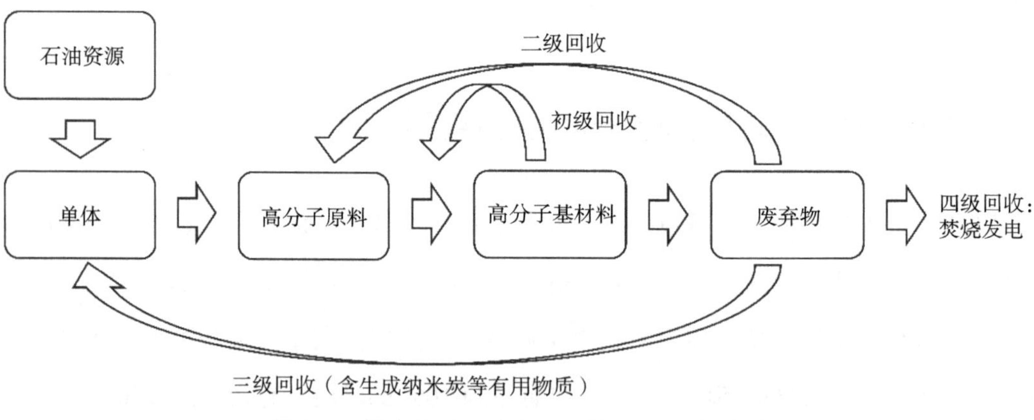

图 4-1　聚合物材料的生命周期和主要回收技术

初级回收是工厂塑料制造过程中产生的废料与原生聚合物混合，所得混合物经机械加工成产品。事实上，初级回收就在工厂中完成，并非针对消费后塑料，是任何管理科学的生产企业必然会采取的成本控制措施，不应当被加入高分子回收领域进行讨论。

将消费后的废弃塑料集中起来，经过清洗、分类后，将所得塑料作为原料用于生产新产品。这一回收方式称为“二级回收”。由于采用的方法基于分离等机械手段，不涉及化学反应，因此也称为“物理回收”或“机械回收”。

二级回收所需的能源不到生产新塑料的一半，应当被广泛采纳。然而，C—C 链的稳定是相对的。采用二级回收方式，塑料再经历熔化、加工过程，会影响塑料的机械性能，这是由加工过程中的自由基断链以及偶联、交联等副反应引起的。此外，添加剂等应被视为“污染物”，在加工过程中发生扩散，进而改变产品的外观和性能。因此，二级回收被认为是一种“降级回收”方法。

三级回收是通过各种化学途径，让废弃高分子转化或分解为有价值的小分子。无论是溶剂中的典型化学反应环境、高温条件还是生物催化环境，都涉及化学反应，因此三级回收也被称为“化学回收”。“有价值的小分子”可以是单体，经过聚合反应得到高分子。这些高分子的性能与石化来源的小分子经聚合得到的产物无异，可以说是高分子的重生。当然，“有价值的小分子”也可以是低聚物、合成气（CO 和 H_2 等）或炭材料。由于高分子种类繁多，这一途径考验着催化剂的效能和成本。此外，对于 C—C 主链的非功能化高分子，仍需采用能量密集的热解方法。在高温高压下的解聚很难控制选择性，产物品种广泛，如不同分子量的蜡和燃料。因此，热解回收只能被视为一种降级回收，而不是升级回收，该工艺的能源、环境和商业可行性仍待分析。

四级回收是通过焚烧消费后的废弃高分子产生能量，也称为“能量回收”。一些高分子材料只能通过这种方式回收，如医用废弃物。对于那些使用大量添加剂、复合物质的复杂材料，似乎也只能采用这种处理方式。不幸的是，人们越来越追求材料的高性能化和功能的集成化，焚烧似乎成为成本可控的唯一途径。另外，垃圾焚烧会产生多种有害污染物和挥发性有机化合物，必须严格管理排放（如有毒气体、温室气体）和注意焚烧炉的养护和清洁。

中国物资再生协会（CRRA）将再生资源分为十大主要门类，其中废弃电器、电子产品和报废机动车等富含高分子组件，但高度复杂。废塑料、废轮胎、废旧纺织品则是以高分子为主体的材料，分别对应高分子产量最大的 3 个门类，即塑料、橡胶和纤维。

根据最近的一次行业报告 [46] 可见，中国的废弃塑料似乎已见顶，峰值约 1 900 万 t，个别年份还会出现下降。按其组成来看，废 PET（33%）、废 PE（21%）和废 PP（21%）构成了废塑料回收的主体（75%）。

在纺织品方面，中国已是世界上最大的纺织品服装生产国和消费国。2013—2022 年，中国纤维加工总量从 4 850 万 t 提升至 6 000 万 t 以上，占世界纤维加工总量的一半以上。2023 年，废旧纺织品回收量约为 480 万 t，仅占总产量的约 8%。

从统计数据来看，废弃纺织品的回收量在 2016—2021 年持续升高，在 2021—2023 年波动，未见增长趋势。

绝大部分的橡胶用于制造轮胎。以汽车为代表的“有轮设备”能够实现集中拆解和回收，从而达到较高的回收利用率。当前，我国废旧轮胎循环利用行业已形成 4 个业务板块，即旧轮胎翻新、废轮胎生产再生橡胶、废轮胎生产橡胶粉以及废轮胎（橡胶）热裂解。其中，再生橡胶已经成为中国橡胶制品工业的主要原材料之一，是天然橡胶、合成橡胶之外的“第三种橡胶资源”，可部分甚至全部替代原生橡胶进行制品生产，比例约为 3 t 再生橡胶替代 1 t 天然橡胶。

2016—2022 年，橡胶的年回收量都略低于 700 万 t，到 2023 年，超过了 700 万 t。由橡胶的回收利用情况可知，集中处理具有显著的成本效益优势。

当前，人们往往热议的是“废弃塑料回收”，而非“废弃高分子回收”。热塑性高分子材料（通常称为“塑料”），由于广泛运用在日常生活中为人们所熟知。事实上，高分子的主要种类是塑料、纤维、橡胶、涂料和胶黏剂、功能高分子、高分子基复合材料几个大类，在每个大类下，都有几十种甚至上百种化学组成不同的高分子，这些高分子尚未得到很好的回收。面向循环经济需求和“双碳”目标，如何建立全面的高分子循环回收体系，是亟待解决和确立的重大课题。

1.2 技术瓶颈分析

在消费后高分子的末端处理方法中，将可感可知的物质收回，再度转化成可感可知的物质，其全称应为“物质回收”。在目前的具体实施方案中，物质回收可以归类为两条途径。

1.2.1　机械（物理）回收

机械（物理）回收在塑料循环利用中扮演着重要角色，但其效率受限及导致的材料降级问题不容忽视。首先，分选技术的局限性是制约机械回收效率的关键因素之一。由于塑料材料的复杂性，多层复合塑料（如 PET、PE、铝箔）基本无法通过物理分选实现有效分离，这使全球范围内复合包装膜难以被回收利用。其次，颜色和添加剂的干扰也进一步加剧了分选难度。黑色塑料因其吸收红外光的特性，导致近红外（NIR）识别率不足，而含有阻燃剂的电子废塑料则可能污染再生料，影响其品质和后续应用。

除了分选技术的局限外，再生塑料的性能劣化是机械（物理）回收面临的最大挑战。在多次熔融加工过程中，高分子链易发生断裂，导致其拉伸强度大幅下降。性能劣化使不少再生材料被用于低端产品，如垃圾桶、园林护栏等，难以进入高值领域。此外，再生塑料中存在添加剂的累积问题。例如，邻苯二甲酸酯等添加剂在再生过程中的浓度就可能超过标准要求，这也是严重限制再生塑料在食品接触材料等高值领域应用的原因。

1.2.2　化学回收

化学回收作为塑料循环利用的另一种重要途径，其技术路径非常丰富。当前所面临的挑战可归纳为两个方面。一方面，热解技术能够将塑料转化为裂解油，然而，裂解油的成分复杂，后续需要精炼提纯才能满足特定应用需求，这样增加了处理成本和工艺复杂性，而高成本将会降低规模化能力。另一方面，解聚技术将高分子在特定的环境和反应条件下解聚成为小分子单体后，再聚合成为崭新的高分子材料。解聚的本质是化学反应，溶剂、催化剂、杂质的影响、产物与杂质的分离等，都构成了解聚方法规模化实施的屏障，处理成本远超物理回收。这是化学回收的实施规模至今不大的主要原因。

此外，化学回收还面临着能源消耗与碳排放的矛盾问题。热解过程需要维持 400～800℃的高温环境，处理每吨塑料耗能高达 1.2 MW · h。从全球范围来看，持续稳定的火电不可能在短时期内被取代，相对清洁能源来说，还占据更高的比例。人们对电力的需求无疑加剧了能源的消耗和温室气体的排放压力。

在经济性方面，化学回收还需在很大程度上依赖政策支持。例如，欧盟实施的碳税政策使化学回收可在某些情况下具备成本优势。然而，对于发展中国家而言，在该项政策机制系统确立起来之前，化学回收的经济性则显得更为脆弱。因此，化学回收在追求高效、高纯度回收的同时，还需解决高成本和规模化应用中的能源与环境矛盾。

1.3 混合与复杂：物质回收的堵点

高分子材料在实际使用中，很少以单一成分出现。实际使用的高分子材料通常会采用多种添加剂（如增塑剂、抗氧化剂、颜料、相容剂、阻燃剂、润滑剂、抗菌剂和填料）来加工制造。此外，高分子还会与其他不同的材料通过复合、黏结等方式紧密相连，被制造成为多功能、高性能的使用材料。如越来越广泛使用的多层共挤复合膜（多用于食品保鲜，一次性使用），其组成可高达 11 种。

塑料工业协会将大部分塑料归纳为 7 类，并用 3 个三角形箭头（Möbius strip，牟比乌斯带）和箭头中间 1～7 的数字编号来表示（图 4-2），其意义分别是：PET（1）、HDPE（2）、PVC（3）、LDPE（4）、PP（5）、PS（6）、Other（7），Other（7）用于涵盖所有其他类型的潜在可回收塑料，如聚碳酸酯（PC）、聚氨酯（PU）、聚酰胺（PA）等。这一代码体系对于回收塑料的分类是有推动作用的。

图 4-2　塑料回收标识

事实上，可以把石油衍生合成塑料基于主链结构分为 2 类（图 4-3）。一类是碳—碳（C—C）主链高分子，如聚乙烯（PE）、聚苯乙烯（PS）、聚丙烯（PP）和聚氯乙烯（PVC）；另一类是具有杂原子主链的高分子，如聚氨酯（PU）和聚对苯二甲酸乙二醇酯（PET）。相较之下，只有 C—C 主链的塑料极难被降解。然而，其总产量却占年塑料产量的 75% 以上。

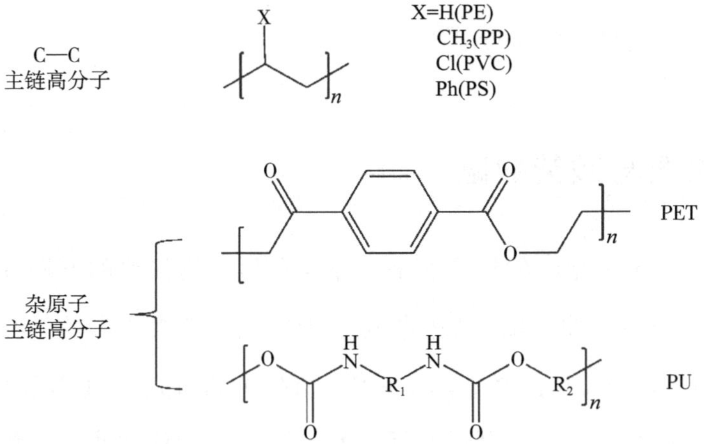

图 4-3　基于主链组成不同的高分子门类

追溯高分子材料的生产初衷，是需要其在对应场景下表现出相应的性能，如一定的力学强度、韧性、防水性、耐酸碱性等，而不是为了让其可降解和可回收。为此，在设计和生产过程中，人们还会有意识地提高其抗老化和耐用性。由于高分子材料的密度往往小于水，最终导致其废弃物形成了“顽固、轻浮、肮脏”的形象。

无论从石化来源还是从天然来源，高分子首先成为原料，不少高分子原料呈颗粒状，被称为“母粒”，它们是高分子纯品。但是在产品端，高分子会与各种物料混合、复合、黏结，形成功能集成的材料或用品。当高分子材料被废弃时，想要回收高分子就会面临混合、复杂的严峻问题。将使用后的高分子材料进行精确分离分类成本过高，这是高分子回收的堵点。

现有的垃圾分类方案，高分子废弃物与其他可回收的废弃物（如纸张、金属等）分为一类，混合的可回收废弃物还需精确分离分类才可以再次回收利用，这无疑再度推高了回收成本，降低了其可实现性。在实际执行时，由于人们的惰性和对垃圾类别的掌握程度不同，很难实现垃圾分类投放。即使人们实现了充分分类，垃圾运输仍然需要人工成本。在无法提升利润的情况下，垃圾运输企业一般不会派出几辆车去收集不同种类的垃圾，这就使分类工作失去了意义。

时至今日，通过回收利用的塑料材料回收率都过低。由于分离分类的成本过高，有学者指出回收是一种经济上的徒劳。此外，回收含有可生物降解聚合物的塑料还会损害回收产品的功能性能[97]。在包装行业，再生塑料包装的价值约为5%，远低于纸张的58%，以及钢铁的70%～90%[98]。

1.4 市场失灵与政策缺陷

在经济层面，再生塑料的推广面临着原生塑料价格优势的严峻挑战。全球每年向消费者发放的包括石油、化石燃料发电、天然气和煤炭在内的化石燃料补贴总额高达4 230亿美元，根据国际货币基金组织（IMF）的研究，如果将环境成本等间接成本计入在内，该数字将上升至近6万亿美元[99]。巨额补贴使原生塑料的生产成本显著低于再生料。例如，原生PE的价格约为1 000美元/t，而再生PE的价格则高达1 200美元/t，价格倒挂严重阻碍了再生料的市场竞争力。此外，再生料市场的狭窄性也进一步加剧了这一问题。目前，仅有食品级再生聚对苯二甲酸乙二醇酯（rPET）具备溢价能力，其价格较原生料高出约10%，而其他类型的再生塑料则多被用于低端市场，难以进入高值应用领域。这种经济激励不足的现状，无疑成了再生塑料产业发展的重大障碍。

政策执行层面的不力也是制约再生塑料发展的关键因素之一。以生产者责任延伸（EPR）制度为例，尽管欧盟等发达地区已经立法要求企业承担回收成本，实际执行情况却大打折扣。然而仅有少量的塑料包装企业全额履行了回收责任，其余企业则通过付费外包的方式转移了责任，这可能导致EPR制度形同虚设[100]。而在发展中国家，如印度，EPR制度缺乏有效监管，导致大部分塑料包装未能进入正规回收渠道，加剧了环境污染问题[101]。此外，国际标准的缺失也是再生塑料产业发展的一大痛点。欧盟的EuCertPlast认证和美国的APR认证并不兼容，企业为了出口产品不得不进行多重认证，这无疑增加了贸易成本。同时，各国对再生塑料碳减排的计算方式也存在分歧，阻碍了跨境碳信用交易的发展。

社会层面的参与不足也是再生塑料产业发展面临的重要挑战。在公众意识与行为方面，垃圾分类的意愿较低是一个普遍问题。以中国垃圾分类试点城市为例，仅有极少数的家庭能够严格进行垃圾分类[102]，混合垃圾的存在大幅降低了回收效率。

同时，绿色消费的溢价有限也制约了再生塑料制品的市场需求。调查显示，尽管消费者愿意接受“循环再生”的塑料制品，但为再生塑料制品支付溢价就成了另一回事[103]。此外，非正规经济的边缘化问题也不容忽视。在中低收入国家，拾荒者贡献了高达 60% 的塑料回收量[104]，但他们却缺乏社会保障和技术培训，难以融入正规回收体系。这种社会参与的缺位现象，无疑对再生塑料产业的可持续发展构成了严峻挑战。

1.5　商业化中的成功与失败

当前，高分子循环商业化的成功离不开政策的强制推动，如塑料税的实施。若能加之保障制度（如消费者押金制度），加之企业间的紧密协作，或可共同促成闭环回收模式的成功运行。

在实践案例中，比利时闭环 PET 回收项目堪称成功案例的典范。该项目由企业联盟共同推动，如 Coca-Cola、Danone 等知名企业携手共建了“瓶到瓶”的回收网络。这一模式的特点在于，采用智能分选技术与化学解聚技术相结合的方式，使回收的 rPET 纯度达到了 100%。这一创新举措极大地提升了 PET 瓶的回收率，同时再生材料在新瓶原料中的占比高达 50%，有效降低了碳足迹[105]。

然而，并非所有的政策支持的回收项目都能顺利开展。相较之下，澳大利亚的 REDcycle 项目便是一个可作为对照反思的失败案例。该项目于 2011 年启动，旨在回收软塑包装，如塑料袋等，并将其再生成建材。在高峰期，该项目年处理量达到了 5 万 t。然而好景不长，项目最终因技术缺陷和财务危机而崩溃。再生材料（木塑复合材料）的市场接受度低于预期，导致库存严重积压。其处理成本高昂，政府补贴中断后，资金链迅速断裂，最终宣告破产[106]。

典型的失败案例给学术界和产业界的启示在于，高分子回收再生技术的发展必须与市场需求紧密相连，避免过度依赖政策的短期激励，以确保项目的长期可持续发展。

2　复杂混合高分子的分选与表征

高分子废弃物的复杂性源于其多样性和使用中引入的添加剂、色素和多层复合结构。据统计，城市生活垃圾中的塑料废弃物中，混合塑料占比超过 80%，而传统分选技术对这类复杂体系的处理效率不足。低效分选不仅导致再生材料纯度低、性能劣化，更直接制约循环经济的规模化发展。

2.1　从物理分离到智能化分选的演进

2.1.1　物理分选技术

物理分选技术作为高分子材料循环回收中的基础手段，应用广泛，但同时存在一定的局限性。例如，密度分选（浮选）是一种典型的物理分选方法。该方法利用不同高分子材料密度的差异，通过水流或气流的作用实现材料的分离。这一技术在初步分选 PET 瓶与 PE 薄膜等方面得到了广泛应用。显然，密度分选无法有效区分密度相近的材料，如 PVC（密度为 1.3～1.45 g/cm^3）与 PET（密度为 1.38 g/cm^3），且在处理多层复合材料和含有添加剂的材料时，分选纯度往往不足，限制了该种分选手段的广泛应用。

除了密度分选外，静电分选也是物理分选中的一种重要方法。该方法利用材料表面电荷的差异，如通过摩擦带电，使材料在电场中发生偏转，从而实现分离。以德国某公司的静电分选机为例，已能够处理粒径小于 10 mm 的混合塑料，对 PP/PS 的分选效率可达 85%。然而，静电分选也面临一些难题。例如，湿度和表面污染（如油脂）会显著影响分选效果，因此，需要对材料进行严格的预处理，以确保分选的准确性和效率。

2.1.2　光谱分选技术

光谱分选技术作为高分子材料循环回收领域的一项重要技术，为进一步精准识别不同种类的塑料提供了可能。其中，近红外光谱（NIR）技术凭借其对材料对近红外光的吸收特征来识别塑料种类，如 PET 在 1 720 nm 处的特征峰，已在商业化应用中展现出显著成效。以德国某公司的分选设备为例，其处理量可达 4 t/h，且 PET 分选纯度可超过 95%。然而，NIR 技术并非万能的。黑色塑料因炭黑吸收全波段光，导致 NIR 识别率低于 30%；多层复合膜（如 PET、AL、PE）由于无法穿透检测，也是该技术的应用被限制的因素。

为了克服 NIR 技术的局限性，拉曼光谱分选技术应运而生。该分选技术的优势在于其可穿透深色材料并检测多层结构，甚至能够识别出塑料中的添加剂，如阻燃剂、增塑剂等。手持式拉曼仪的开发成功并获得运用就是一个例子，它可用于现场快速分选电子废塑料。然而，拉曼光谱技术的检测速度相对较慢，单样本检测时间需 10～30 s，使其无法满足工业级处理的高效率要求。

高光谱成像（HSI）技术是为了进一步提高分选的精准度和效率而诞生的新技术。HSI 技术结合了可见光与红外光谱（400～2 500 nm），生成空间—光谱三维数据，能够识别出塑料的微观异质结构。芬兰某公司开发的 AI 驱动的高光谱分选机器人就是一个创新应用实例，它能够实时区分 PE、PP 及污染塑料，分选精度高达 92%。HSI 技术的出现，为高分子材料循环回收领域提供了新的选择，有望推动分选领域的进步。

2.1.3　智能化分选技术

智能化分选技术，作为 AI 与机器人技术融合的产物，正逐渐成为高分子循环回收领域的新趋势。其中，AI 驱动的分选算法是智能化分选的核心。这一算法基于数万张塑料样本的光谱与图像数据，通过训练卷积神经网络（CNN），能够准确识别材料的种类与污染程度。美国一家公司开发出的一款智能分选系统就是一个典型的应用案例，其分选速度高达 80 件 /min，准确率超过 90%，相较于人工分选，成本降低了 50%。智能化分选技术的出现，不仅提高了分选的效率和准确性，还大幅降低了人工成本。

与 AI 算法相配套的是机器人分选系统的机械设计。这些系统通常配备气动喷头或机械臂，能够根据 AI 指令快速、准确地分拣出目标塑料。在工业实践中，日本某公司部署了机器人分选线，用于处理家电拆解产生的塑料废弃物，年处理量可达 10 万 t。相关项目的成功实施，不仅展示了机器人分选系统在大规模工业应用中的可行性，也为其在其他领域的推广提供了有力支撑。

当然，智能化分选技术的发展仍然面临着挑战，主要体现在以下两个方面：

一方面，算法的泛化能力需要进一步提升，以覆盖全球不同来源的塑料废弃物。由于不同国家的塑料废弃物在添加剂使用、生产工艺等方面存在差异，因此算法需要具备更强的适应性和学习能力。

另一方面，硬件成本也是智能化分选技术推广的一大障碍。高光谱相机与机器人系统的初期投资很高，对于中小企业来说难以承受。因此，未来智能化分选技术的发展方向将是在提高算法泛化能力的同时，降低硬件成本，以推动其更为广泛地应用。

2.2 从组成分析到性能预测的表征技术

将混合高分子材料进行回收，准确分析材料的组成的重要性首当其冲。从前文讨论中我们看到，现有的分选方法并不能达到满意的效果。本小节中，将进一步讨论一些商业化的高分子表征方法在高分子分离分类方面的可行性。

2.2.1 高分子组成分析技术

热裂解—气相色谱 / 质谱联用（Py-GC/MS）技术是分析具有复杂组成原料的有力工具。其原理是通过高温裂解将入口材料分解成特征碎片，随后利用气相色谱 / 质谱（GC/MS）对这些碎片进行鉴定，从而确定材料的组成。这一技术可同时识别混合塑料中的高分子和添加剂成分。

核磁共振（NMR）技术也是一种高分辨率的分析手段，尤其在固体 NMR 领域，它能解析出高分子材料中的交联网络结构，如橡胶中的硫黄键等。阻碍在于 NMR 技术尚未实现流水线作业，其样品的制备过程仍相对复杂，需要专业的技能和经验。此外，NMR 设备的价格昂贵，这使潜在使用者望而却步。

2.2.2 形态与结构表征

对于回收材料，其形态与结构进行准确表征可进一步推知其性能变化。扫描电子显微镜（SEM）是一种强大的观察工具，在此领域发挥着重要作用。通过 SEM，人们可以直观地观察再生塑料的断面形貌，评估添加剂在基体中的分散性，如玻纤在塑料中的分布情况。通过 SEM 观察可发现再生 HDPE 中炭黑的团聚现象，这会导致材料力学性能的显著下降。积累这种数据将为人们优化再生塑料的加工工艺、提高材料性能提供重要依据。

X 射线衍射（XRD）技术也是表征高分子材料结构的重要手段。XRD 能够测定材料的结晶度，对于结晶性高分子材料而言，其结晶度的变化直接影响材料的性能。通过 XRD 分析，人们可以比较再生高分子的结晶度与原生材料的差异，为进一步评估性能变化、优化再生工艺提供有力的数据支持。

原子力显微镜（AFM）是一种纳米级表征技术，也在高分子材料的形态与结构表征中展现出了独特优势。AFM 能够分析材料表面的粗糙度以及界面相容性，对于研究共混物的相分离结构等具有重要意义。可通过 AFM 分析共混高分子的相分离结构，进而深入了解两相之间的相互作用和相容性，为优化共混物的性能、拓宽其应用领域提供支撑。

2.2.3　性能预测与生命周期评估

对高分子组成、结构的分析，最终的落脚点在于对再生材料性能的准确预测。对于回收物料中复杂的组分、添加成分和应用史，近年来出现的机器学习工具展现出巨大的潜力。可将分选纯度、添加剂含量、分子量分布等关键参数输入模型，通过机器学习模型，得到再生料的拉伸强度、熔融指数、耐老化性等重要性能指标。以德国 Fraunhofer 研究所开发的模型为例，该模型能够预测再生 PP 的质量含量，这为再生料的性能评估和优化提供了有力的数据支持[107]。通过研发这类机器学习模型，人们可以更好地了解再生料的性能特点，为后续的加工和应用提供科学依据。

应该看到，生命周期评价（LCA）即将成为高分子循环回收领域中不可或缺的一环。LCA 通过设定系统边界，涵盖分选能耗、再生料性能损失、替代原生料的环境效益等多个方面，对高分子材料的整个生命周期进行全面评估。一个典型例子是在 2020 年，12 个地区（41 个国家）消耗了 729.77×10^3 t 的原始 PET 树脂和 $1\,189.4 \times 10^3$ t 的再生 PET 树脂。其中 23% 的塑料废物被制成可回收的 PET 材料，42% 被送往垃圾填埋场，35% 被焚烧。在这份调查中，整个 PET 塑料供应链每年排放约 5.346 亿 t CO_2

当量，其中，生产阶段排放占 46.1%，制造阶段排放占 44.7%，废物处理阶段排放占 9.2%[108]。这类研究有效地证实了循环利用对减少碳排放的重要作用。

2.3 从实验室到工业化的系统集成

2.3.1 分选—表征—再生的闭环系统

在全球高分子循环回收领域，分选—表征—再生的闭环系统开始崭露头角。德国“绿点”体系的升级就是该趋势的典型代表。该体系通过技术集成，将近红外光谱（NIR）分选、人工智能（AI）质量控制以及在线傅里叶变换红外光谱（FTIR）监测等先进技术融为一体，使再生 PET 的纯度从典型的 80%～95% 有望达到 100%[109]。先进技术的集成不仅提升了再生材料的品质，还显著降低了分选成本。可以说，德国“绿点”体系的显著性能提升，为高分子循环回收行业树立了技术先进、经济可行的典范。

在中国，“城市矿产”示范工程也在积极推动高分子循环回收的发展。例如，青岛新天地项目是中国首个国家级静脉产业园区，在 2014 年完成验收，成为国家首批“城市矿产”示范基地。园区内部已形成完善的循环经济产业链，像报废汽车和废弃电器电子产品中的塑料，进入塑料资源化产业链，生成塑料合金和塑料颗粒；废制冷剂则进行回收提纯，循环利用于汽车、家电。废旧物资通过循环经济产业链网被榨尽，经过深加工转化为新的资源或产品回用于生产企业。然而，值得注意的是，多层复合塑料（如手机外壳 PC/ABS）的分选效率仍然是一个瓶颈问题，当前分选效率较低。面对高分子材料越发复合化、功能化的趋势，精确分选仍然面临极大的挑战。

2.3.2 智能化工厂的实践探索

将智能化新进展引入典型高分子循环途径是一种有望降低成本的方案。在智能化工厂的实践探索中，美国闭环塑料（Closed Loop Partners）采用了模块化设计理念，将分选、清洗、造粒等单元进行灵活组合，使整个系统能够适应不同废弃物来源的处理需求[110]。这种模块化设计可提高设备的通用性和可拓展性，还为行业增强了灵活性，提高了效率。

日本松下环保技术中心也在智能化工厂方面进行了积极探索。该中心使用一条全自动分选线，采用集成机器人分拣、高光谱成像（HSI）检测与熔融过滤等多项技术，专门用于处理废旧家电塑料。通过这条全自动分选线，松下环保技术中心显著降低了处理后的塑料中的杂质含量，实现了废旧家电塑料的高效、高质再生利用。

从当前的技术进步和应用实例可以看到，基于智能化、模块化的处理方式，结合数据驱动的生产管理，可以实现实时监测分选效率与再生材料性能，动态优化工艺参数，提升再生材料的质量。依靠数据驱动的生产模式，能够持续推动高分子循环回收项目的建设。

2.4　挑战与未来方向

2.4.1　技术瓶颈及潜在解决方案

在高分子识别与分离领域，精准识别一直是一个技术瓶颈，特别是对以黑色塑料为代表的塑料品种。由于炭黑的遮盖，传统光谱技术难以穿透并识别底层材料。

当然，可以较为有效应对的解决方案是太赫兹光谱（THz）相关技术。当前，已经实现高光谱成像和太赫兹时域光谱（THz-TDS）技术能够在环境条件下测量样品，且无须直接接触样品，可获得 100% 的分类精度 [111]。尽管这项技术还需要工业化验证，但其潜力巨大，有望成为黑色塑料精准识别的重要手段。

另一项技术瓶颈是多层复合材料的有效剥离，尤其在包装领域，越来越多的复合包装膜被使用，这造成了极大的分离困难。现在，离子液体和深共晶溶剂领域的经验被用于开发新型绿色溶剂系统。对于多层包装材料，可以实现 PE、PET 和铝（Al）的分离以及溶剂的回收 [112]。

2.4.2　经济性与规模化路径探索

综上所述，高分子循环的经济性与规模化仍然不足，高精度分离分类成本提高了废弃塑料的回收成本。以中国为例，为了控制成本，不少企业选择自主研发相关设备，这些产品有望显著降低分选设备的投资成本。

在欧盟还出现了一种共享分选中心的新模式，即通过区域化回收枢纽共享高投资设备，如机器人分选线，以提高设备利用率和降低回收成本。

当然，政策激励也是推动高分子循环回收经济性与规模化的重要手段。碳信用机制可将再生材料的碳减排量纳入交易体系，为再生材料提供额外的经济价值，这可以激励回收行业的发展。

2.4.3 标准化与全球化趋势

随着高分子循环回收行业的发展，标准化与全球化成为必然趋势。在国际认证体系方面，统一分选标准对于提高回收效率和再生料质量至关重要。ISO/TC61 制定了混合塑料分选效率与再生料纯度阈值，为国际回收行业提供了统一的标准。此外，技术转移与合作也是推动高分子循环回收全球化的重要途径。南北协作模式，如德国向印度转移 AI 分选技术，不仅提升了印度非正规回收体系的效率与安全性，还促进了全球回收技术的交流与进步。

总体来看，复杂混合高分子的高效分选与表征仍然是高分子循环经济从理想到实践的关键问题。通过光谱技术、人工智能与表征方法的融合，新经济模式的创新、政策的推动都在发挥其有益作用，但难点尚未突破，进一步扩大产业的规模化仍需新技术和新思路。

3 可生物降解高分子的设计、性能与产业化挑战

在各种报道中，常提到“可降解（degradable）高分子”。事实上，来源于化石资源的合成高分子都是可降解的，只是降解条件和降解时间的差异，这也正是“微塑料”的起因。所谓的“可降解高分子”，实际包含以下三层含义：

第一，在人类可观察、可接受的时间段内它可以消失，如几年到十几年。如果积累到几十年甚至几百年都维持整体形态，就可认为是不可降解的。

第二，在自然环境当中的降解产物无生物毒性，一般为 CO_2、H_2O 以及 CH_4 等。

第三，可降解高分子通过自然环境中现有微生物进行分解、消化和利用。因此，

应当保持使用“可生物降解”（biodegradable）这一全称。

3.1　可生物降解高分子的分类

可生物降解高分子作为环保材料的重要领域，其分类与设计原理对材料的性能和应用产生决定性影响。首先，从材料分类的角度来看，可生物降解高分子可以分为天然来源高分子和合成可生物降解高分子两大类。

天然来源高分子是生物可降解材料中的重要组成部分。其中，多糖类（如淀粉、纤维素、壳聚糖等）因其来源广泛、可再生且具有良好的生物相容性而备受关注。蛋白质类（如胶原蛋白、丝素蛋白等）则因其独特的生物活性和结构特性，在生物医学领域有着广泛的应用前景。此外，聚酯类［如聚羟基脂肪酸酯（PHA）、聚乳酸（PLA）等］也是天然来源高分子中的重要成员，它们通过微生物发酵等生物过程制得，经历自然界漫长的演化过程，都能找到对应微生物对其进行分解。PLA 的合成路线如图 4-4 所示。它主要以小麦、玉米等农作物为原料，经过微生物发酵成乳酸后再通过聚合反应得到高分子。PLA 具有良好的生物降解性，在使用过后，PLA 首先会在自然条件下发生水解，之后在酶的作用下继续降解成低分子化合物，最后被微生物完全降解为 CO_2 和 H_2O。

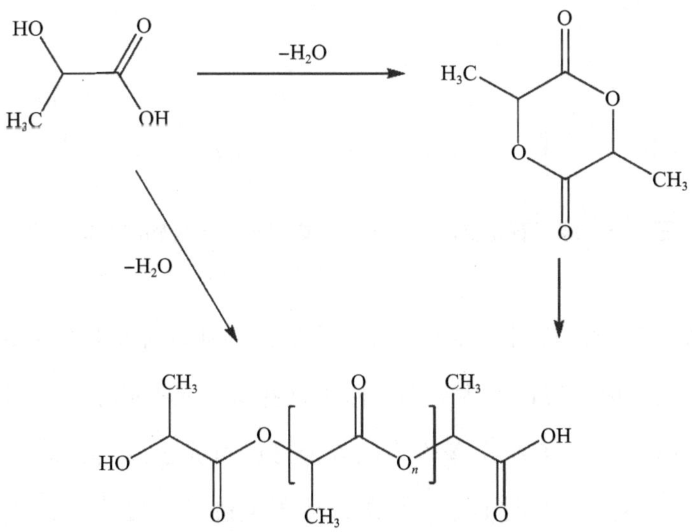

图 4-4　聚乳酸的合成路线

合成可生物降解高分子是由石化资源通过人工合成的途径得到的。已经被人们生产和熟知的这类高分子有聚对苯二甲酸－己二酸丁二醇酯（PBAT）、聚丁二酸丁二醇酯（PBS）、聚丁二酸－己二酸丁二酯（PBSA）、聚乙醇酸（PGA）、聚己内酯（PCL）、聚碳酸亚丙酯（PPC）等（图 4-5）。它们具有良好的加工性能和力学性能，是替代传统石油基塑料的重要选择。共聚酯如 PBAT 等，则是通过不同单体的共聚反应制得的，具有可调的降解速率和性能。

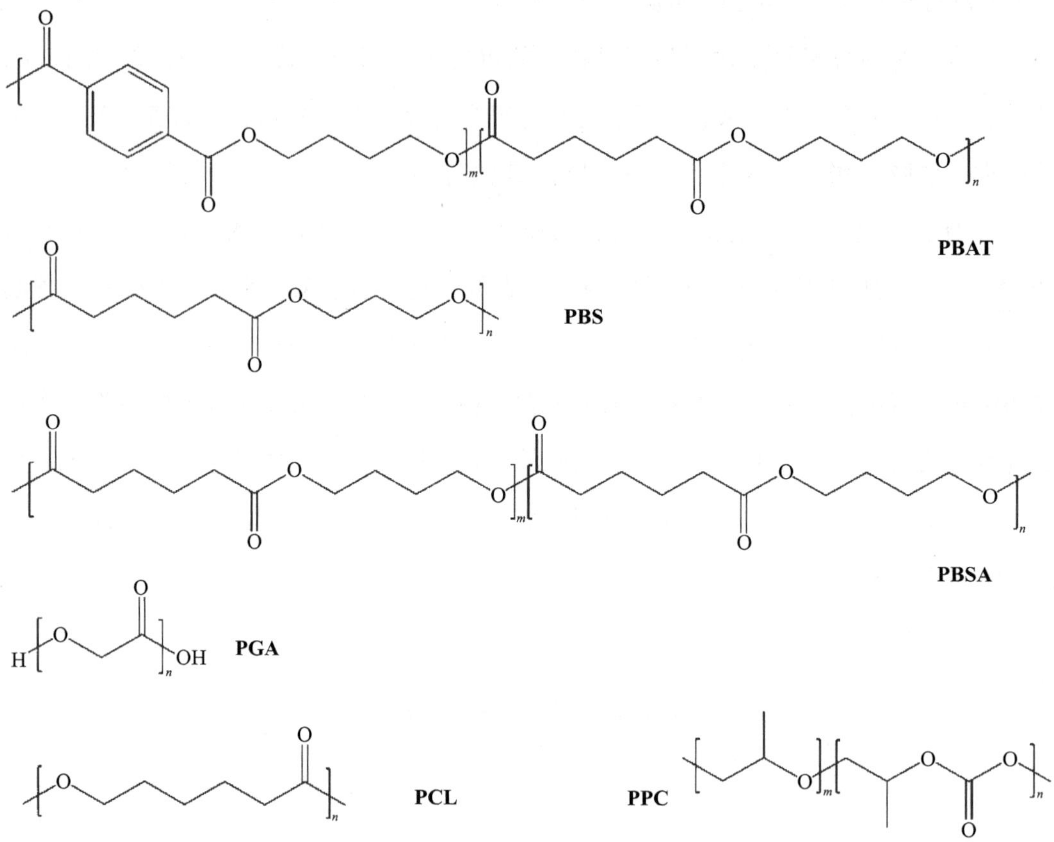

图 4-5 源于石化资源、经人工合成得到的可生物降解高分子

可生物降解高分子材料因其独特的性能优势，在环保和可持续发展领域展现出巨大潜力。首先，其环境友好性尤为突出。由于这些材料具有降解可控性，如 PLA 在工业堆肥（温度 58℃，湿度 60%）条件下仅 6 个月即可完全降解，而 PHA 在海水环境中也能在 1 年内分解为 CO_2 与 H_2O。其次，从碳足迹的角度来看，生物基 PLA 的全生命周期碳排放相较石油基 PET 显著降低[113]。这一优势使可生物降解高分子材料在减少温室气体排放、应对全球气候变化方面具有重要价值。

除了环境友好性外，可生物降解高分子材料还展现出功能多样性。在医用领域，PHA 因其结构与人体脂肪相似，被广泛应用于手术缝合线与组织工程支架，术后感染率可显著降低。这种医用兼容性使可生物降解高分子材料在生物医学工程领域具有广阔的应用前景。同时，在加工适应性方面，PBAT 的熔融指数与 LDPE 相近，能够兼容传统吹膜设备，用于地膜生产。这种加工适应性使可生物降解高分子材料有望替代传统塑料，推动绿色包装。

3.2　可生物降解高分子的可降解性评价

塑料在自然界中的生物降解是被分解成水、生物质和小气体（如 CO_2、CH_4）。这一过程可采用“生物降解率”来评价，或采用“比表面降解率”（SSDR）计算得到的半衰期来评价。例如，HDPE 的降解率（SSDR）被确定为每年 0～11 μm。HDPE 瓶在海洋环境中的估计半衰期为 58 年，而 HDPE 管道的半衰期则长达 1 200 年[114]。

可堆肥塑料（Compostable）是可生物降解塑料的一个亚类，指的是可在堆肥条件下进行生物降解的塑料，例如，在 55℃ ±2℃（工业堆肥条件）和 28℃ ±2℃（家庭堆肥条件）的高湿度（≥60%）条件下[115,116]。可以肯定地说，所有可生物降解的塑料在工业堆肥条件下都会被降解，这些塑料的一部分在土壤和家庭堆肥条件下可降解，更少的一部分可在淡水、海水或厌氧条件下生物降解。在美国，如果一种聚合物仅在堆肥系统中可生物降解，则标记为“可堆肥”，而非“可生物降解”。尽管上述内容仅为指南，但美国的一些州已经通过对于某些商品的索赔法律。表 4-1 列举了塑料、生物基塑料和可生物降解 / 可堆肥塑料的分类及典型代表。

表 4-1　塑料、生物基塑料和可生物降解 / 可堆肥塑料的分类及典型代表

分类	化石来源	生物基来源
不可生物降解	PE，PP，PET，PS，PVC	Bio-PET，Bio-PE，Bio-PA6，PDLA
可生物降解 / 可堆肥	PCL，PBAT	PHB，PLLA，PBS，PGA

根据欧洲塑料报告，2021 年生产了约 150 万 t 可生物降解 / 可堆肥塑料，仅占塑

料市场总量的0.66%[117]。当然，随着人们的环境意识逐步提高和政策导向等，可生物降解/可堆肥塑料的产量预计仍然会提高，有预期是2026年达到530万t/a。当今，已经商业化的几种可生物降解/可堆肥塑料，按体积递减的顺序排列分别为PBAT、PLA、淀粉混合物、PBS、PHA等，包括PCL和再生纤维素。

3.3 可生物降解高分子的短板

但是，对于可生物降解高分子的发展，也应避免过度乐观。当前已报道和规模化生产的可生物降解塑料尚存在难以克服的性能短板。首先，上述可生物降解高分子都是热塑型，无法取代需要热固型高分子的领域。其次，将上述材料与三大门类的高分子作了比较（表4-2），可以发现人工合成的可降解高分子与普遍杨氏模量较低，而杨氏模量较高的材料（PLA和PGA）的断裂伸长率很小，即“硬脆型”材料，这是可生物降解高分子力学性能上的一个主要特点。另外，这些可生物降解高分子的热变形温度都在50～70℃的较低温度范围内，也极大地限制了这些高分子材料的应用领域。最后，当前这些人工合成的可生物降解高分子想要大规模取代性能相近、应用场景相似的常用高分子，还需进一步明显降低生产成本。

可生物降解高分子还存在降解条件依赖的缺点。露天堆肥需要相对较大的土地面积。封闭式机械堆肥设施可以减少约85%的土地需求。机械堆肥系统采用一个或多个封闭的罐或消化器，配备旋转叶片，对切碎的废物进行混合和充气。尽管其在特定条件下能够快速降解，但全球配备工业堆肥设施的城市并不多，这样导致可降解塑料的降解率明显不足。此外，部分“海洋可降解”材料（如PHA）需要特定微生物群落支持，在实际海洋环境中降解速率波动较大。显然，这些降解条件依赖使得可生物降解高分子材料的广泛应用受到限制。

表 4-2　常用高分子与人工合成可生物降解人工合成高分子的性能对比

种类	高分子	拉伸性能			弹性性能	弯曲特性		热变形温度 /℃
		抗拉强度（屈服）	极限抗拉强度（断裂）	断裂伸长率	杨氏模量（弹性模量）	弯曲强度	弯曲模量	
塑料	高密度聚乙烯（HDPE）	21～37 MPa	25～50 MPa	500%～1 000%	0.8～1.5 GPa	20～30 MPa	0.8～1.6 GPa	50～80
	低密度聚乙烯（LDPE）	8～12 MPa	10～20 MPa	200%～600%	0.1～0.3 GPa	5～10 MPa	0.2～0.4 GPa	40～50
	线性低密度聚乙烯（LLDPE）	8～15 MPa	15～30 MPa	400%～1 000%	0.2～0.4 GPa	10～20 MPa	0.3～0.6 GPa	45～60
	等规聚丙烯（iPP）	30～40 MPa	25～35 MPa	200%～600%	1.2～2.0 GPa	35～50 MPa	1.5～2.5 GPa	100～110
橡胶	硫化天然橡胶	10～25 MPa	10～25 MPa	400%～800%	1～10 MPa	—	—	工作温度范围：-50～80
纤维	尼龙（PA66）	70～90 MPa（dry），50～70 MPa（wet）	80～100 MPa（dry）	20%～60%（dry），up to 100%（wet）	2.5～3.5 GPa（dry），1.5～2.5 GPa（wet）	90～120 MPa（dry），60～80 MPa（wet）	2.5～4.0 GPa（dry），1.8～2.8 GPa（wet）	70～100
	聚酯（PET）	400～1 200 MPa	400～1 200 MPa	10%～50%	10～20 GPa	80～120 MPa	2.5～3.5 GPa	65～80

续表

种类	高分子	拉伸性能			弹性性能	弯曲特性		热变形温度 /℃
		抗拉强度（屈服）	极限抗拉强度（断裂）	断裂伸长率	杨氏模量（弹性模量）	弯曲强度	弯曲模量	
人工合成可生物降解高分子	聚乳酸（PLA）	50～70 MPa	50～70 MPa	2%～10%	2.5～3.5 GPa	70～120 MPa	2～3 GPa	50～60
	聚己二酸 / 对苯二甲酸丁二醇酯（PBAT）	20～40 MPa	20～40 MPa	300%～700%	30～70 MPa	15～30 MPa	100～200 MPa	50～70
	聚丁二酸丁二醇酯（PBS）	40～60 MPa	40～60 MPa	300%～600%	200～400 MPa	40～70 MPa	200～400 MPa	50～70
	聚丁二酸 - 己二酸丁二酯（PBSA）	30～60 MPa	30～60 MPa	300%～700%	100～400 MPa	40～60 MPa	150～400 MPa	50～70
	聚乙醇酸（PGA）	50～80 MPa	50～80 MPa	3%～7%	2.5～4 GPa	70～100 MPa	3～5 GPa	55～75
	聚己内酯（PCL）	30～50 MPa	30～50 MPa	500%～700%	100～250 MPa	40～60 MPa	50～150 MPa	50～60
	聚碳酸亚丙酯（PPC）	30～50 MPa	30～50 MPa	300%～500%	300～700 MPa	50～80 MPa	200～400 MPa	50～60

3.4　产业化进展与挑战

3.4.1　可生物降解高分子的产业化

可生物降解高分子材料已经在全球范围内实现产业化。从全球产业化格局来看，欧美地区以其技术引领与政策驱动的特点脱颖而出。例如，PLA 基复合材料可以有多种组成方式：PLA/ 聚合物、PLA/ 金属、PLA/ 陶瓷和 PLA/ 纳米粒子等。这些材料可以广泛应用于生物医用材料 [118]、运动用品 [119] 或包装领域 [120]，显示出广泛的应用前景。

亚洲地区在可生物降解高分子材料的产业化进程中加快了提升产能的步伐。统计资料显示，中国至少有 17 家规模化生产 PLA 的大型企业，安徽丰原生物材料股份有限公司计划建成 190 万 t PLA 生产项目（含已投产生产线）、浙江友诚新材料有限公司 50 万 t PLA 生产线等，这些项目都能显著提升 PLA 的市场竞争力。

在应用场景与市场反馈方面，可生物降解高分子材料在包装领域的应用开始受到关注。例如，在食品包装领域，全球连锁的星巴克咖啡使用 PLA 和萃取后的咖啡粉制成复合吸管，这款可生物降解的“渣渣管”在 4 个月内就可完成降解 90%，高于国内外法规要求的 6 个月标准 [121]。然而，也有用户抱怨其耐热性不足、软化温度低等问题。中国的快递行业巨头顺丰快递公司自主研发可降解包装袋，已在其全国机构推广应用。该包装袋采用 PBAT 生产，生物分解率可达 90% 以上。估计在 2022 年已经使用了 PBAT 包装袋 5 000 t[122]。

可生物降解高分子材料在农业领域的应用将有效地缓解环境压力。新疆农膜市场消费量达 24 万 t/a，是我国地膜覆盖面最大、消费量最多的重点市场。当前新疆棉田普遍推广 PBAT 地膜，是有效减轻传统地膜对土壤污染的有效途径，同时带动了大型生产企业加速落地 [123]。然而，需要注意的是，可降解地膜的强度不足导致铺设效率下降的问题也随之出现。如何协调生物降解地膜的降解性能与力学性能，还需相关研究进一步深化探索。

可生物降解高分子材料在医疗领域也有广阔应用前景。可吸收手术缝合线一般在半年内从植入点消失，无须拆线操作，是当今国际上外科手术和临床应用中使用量最大的医用纺织品之一。然而，目前市面上主流的可吸收手术缝合线仍以进口为主导，大多数国产可吸收缝合线基于进口原线贴牌封装，原线严重依赖进口[124]。此外，高昂的费用成为限制某些可生物降解高分子被广泛采用的原因。对于可生物降解的高分子医用材料的研发，提高性能和降低成本都是重要的研究方向。

3.4.2 提升产能和市场占有率的挑战

在可生物降解高分子材料的产业化进程中，性能与成本的平衡是首要挑战。例如，为了提升 PLA 的韧性，可添加一定比例的 PCL，但是由于两者共混性差，还需要使用增容剂。增加添加剂和共混流程都会导致成本上升，且影响材料的透明度。这种性能提升与成本增加之间的矛盾，使企业在产品开发时不得不进行权衡。又如，PHA 在规模化生产时，发酵过程易染菌、批次稳定性差和成品率不高等问题，也限制了相关生物可降解材料的性能提升，同时增加了生产成本，阻碍其推广和应用。

除了性能与成本的权衡问题外，降解体系的不兼容性也是产业化中的一个阻碍。一方面，生物降解塑料混入传统回收流（如 PET 瓶）中，会导致再生料的性能劣化，这不仅影响了回收材料的再利用价值，也给回收处理带来了额外的困难。另一方面，各国对“可降解”的定义存在差异，如欧盟的 EN 13432 标准与美国的 ASTM D6400 标准就不尽相同，企业为了满足不同市场的准入要求，还需进行多重认证，必然会推高企业的运营成本。

经济性障碍也是可生物降解高分子材料产业化的挑战。原料成本的波动对生产成本产生直接影响。以玉米为例，2022 年全球玉米价格上涨 40%，就导致丰原 PLA 的生产成本显著提升。此外，PLA 的聚合过程需要高温真空脱水，这一能源密集型工艺使能耗在生产中的成本占比过高。

另外，市场接受度还需要进一步提高。如前所述，并非所有的消费者都愿意为可降解包装支付可感知的溢价（超过 10%）。这也反映出市场对于可生物降解材料的认知度和接受度还有待提高。当然，回收基础设施的滞后也限制了可生物降解材料的循环利用，堆肥设施设备的缺乏就是一个典型案例。可见，可生物降解高分子想要大力发展，能够处理这些高分子的配套基础设施的发展也需跟上。

在可生物降解高分子材料产业化过程中，政策与制度仍存在矛盾，且不可忽视。一方面，在市场培育的初期，政策激励不足无法有力推动可生物降解高分子的生产。以中国为例，某地方政府对使用全生物降解地膜的农户、种植大户、农民合作社等实施主体进行补助，具体标准为采取全膜覆盖模式的补贴 100 元 / 亩、半膜覆盖模式的补贴 90 元 / 亩。补贴力度尚不足以广泛激发农户购买的积极性。另一方面，监管也存在漏洞，部分企业虚标“可降解”成分，如添加一部分淀粉即宣称可降解甚至完全降解，这种行为扰乱了市场秩序，也损害了消费者的利益。

国际协调的缺失也是可生物降解高分子材料产业化面临的问题。贸易壁垒的存在使发展中国家生物降解塑料产品难以进入发达国家市场。以美国为代表，以关税为武器，大打贸易战，使各国对跨国贸易的担忧急剧增加。这种贸易壁垒限制了发展中国家生产的可生物降解材料的出口，当然，也阻碍了全球范围内可生物降解材料的推广。

应当再次强调的是，标准的碎片化是规模化与产业化的重大阻碍。不同国家对可生物降解材料的降解标准存在差异。这种标准的不一致性使企业需要根据不同市场的标准调整配方，无疑增加了企业的研发成本和生产成本。通过加强国际协调，统一可生物降解标准，无疑对推动可生物降解高分子材料的规模化、产业化意义重大。

回顾历史，进入环境中的难降解 / 不降解材料，也有其重要价值。人类经历了石器时代、青铜时代、铁器时代，使用过石器、玉器、陶器、瓷器、青铜、铁器等作为生活用具、生产工具、武器等。上述器具深埋在地下，经历数千年仍可以完整保存，它们是人类历史和文明的载体，有着巨大的文化价值。这些难降解材料没有导致严重的环境问题，主要原因有两个：

第一，在生产和使用这些材料时，人类的数量少、生产力落后，尚不能大规模生产这些用具。过量生产或使用某种难降解材料会产生重大问题。试想人类大量生产陶器，在陶器废弃后直接丢弃，相当于用高能耗、高排放的方法（烧窑）制造出“板结的土”，破坏了土壤孕育生命的能力，让肥沃的土地不宜农、不宜牧、不宜居。没有产生这个问题的根本原因在于当时的人口数量很少，制造的陶器相对地球的陆域面积微乎其微。

第二，这些材料在自然界中不会分解产生有毒有害物质或极少。不像高分子材料，以有机物质为基础，使用了大量的添加成分，在老化、缓慢降解过程或热化学分解过程中释放或生成（高度）有毒有害的物质，严重影响生态环境中生命体的健康。

显而易见，在人类进入高分子时代以后，人的总量和生产能力已远超刀耕火种的时代，高分子废弃物产量大、在分解过程中还有添加剂渗漏等问题，带给地球自然环境的压力是因变量和成分变化而引发了的质变。从这个角度来说，高分子的研发与生产也必须走向循环方式。

4　酶催化与化学解聚技术的创新突破

酶是由生物生产的、具有高度选择性的催化剂。它的选择性高，反应条件温和，尤其是在水环境中。在亿万年的进化历程中，自然界基本进化出降解一切既有生物生产的有机物的酶。基于这一事实，由亲水化学键构成的主链，容易找到降解它的酶。

除了一些天然产物高分子外，某些合成高分子也可以被微生物产生的酶降解成小分子片段。然而，现有的结果还有几个问题尚待解决：

问题一，通过酶来降解人工合成高分子速率还很慢。

问题二，可用酶降解的高分子底物的范围有限，尤其局限于主链中具有羰基的聚合物（PET、PLA、PA）。

问题三，酶对恶劣反应条件的耐受性差。

本节旨在对酶催化降解高分子这一技术领域进行归纳与展望。

4.1　酶催化降解

4.1.1　酶催化解聚的机理与优势

酶催化解聚作为一种高分子回收技术，其核心原理在于酶的底物特异性。具体来说，酶通过其活性位点能够精准地识别并定向切割特定化学键，如 PET 中的酯键。这种定向切割的机制使酶催化解聚过程具有高度的选择性，能够确保仅对目标高分子进行解聚，而避免其他非目标分子的干扰。此外，酶催化解聚通常在较低温度

（20～60℃）和常压下进行，相较于传统的热化学处理，其能耗显著降低，体现出了明显的节能优势。

酶催化解聚不仅具有独特的机理，还展现出了独特的技术优势。首先，其高选择性使得在解聚过程中能够避免副产物的生成（如化学回收中常会出现裂解油杂质），从而提高回收产物的纯度和应用价值。其次，酶催化解聚过程环境友好，无须使用有毒溶剂或有毒催化剂，大幅降低了废水处理的成本和难度，对环境保护具有积极意义。

4.1.2　关键酶类与工程化改造

当前，对于 PET 水解酶的研究和应用较为成熟，以此为例，正视天然酶的局限性。野生型 *Ideonella sakaiensis* 所产的 PET 水解酶（PETase），在生物降解 PET 方面展现出了一定的潜力，但其活性相对较低，极大地限制了其工业化应用的前景。另外，该酶的热稳定性较差，当温度超过 40℃时失活，增加了在实际应用中的难度。当然，通过定向进化技术可以进行酶的改进。例如，通过半理性蛋白质工程方法，可以生产叶枝堆肥角质酶（LCC，一种通过宏基因组方法分离的耐热酶）的改进变体。单变体可部分解聚非晶 PET 薄膜，在 72℃下反应 27 h 后产生约 21.9 mm 的产物。双变体在解聚 PET 上的活性进一步增加。进化后的变体能够在 55℃下、≤3 d 内完全解聚 1.3 g 未经处理的消费后 PET 废物（仅使用 1.25 mg 酶）。这些进步都为 PET 的高效生物降解提供了新的可能。

另外，酶固定化技术还可提高酶使用效率和稳定性。在选择载体时，磁性纳米颗粒、多孔树脂或生物膜等材料因具有独特的性质而备受青睐。这些载体不仅能有效固定酶分子，还能提高酶的重复使用率，可促使酶的使用成本大幅降低。

4.2　技术经济性与系统整合挑战

4.2.1　尚存技术难点

走酶解聚高分子的途径，难点在于大量的高分子废弃物是疏水的 C—C 主链。大量的生物需要水来生长繁衍，包括制造相应的酶。上述过程不能交给自然界，既有的高分子废弃物和未来还将大量产生的废弃物无法等待特定的酶经历自然选择和进化得到，只有通过加速酶的设计和筛选，即酶工程，或许能够规模化产生几十亿年进化史中没有产生的酶。

4.2.2 成本—效益分析

与酶催化降解相近的技术类型是化学解聚，在对比两者的成本效益时，可以发现在多个参数上存在明显差别。以 PET 的酶催化解聚和 PE 的氢解化学解聚为例，酶催化过程通常在 60～80℃的温度条件下进行，而化学解聚则需要高达 200～300℃的反应温度。这一差别当然会造成明显的能耗差异，使酶催化降解的能耗显著低于化学解聚的能耗。在原料预处理成本方面，酶催化对原料的精细粉碎要求较高，也会推高处理成本；而化学解聚对杂质的容忍度较高，预处理成本相对较低。从产物价值来看，酶催化得到的食品级 rPET 具有较高的附加值，而化学解聚得到的烷烃燃料则属于中附加值产品 [127]。因此，在综合考虑成本效益时，需要权衡各方面的因素。

在经济性制约方面，酶催化解聚技术面临规模效应不足的挑战。目前全球规模化的工厂仅有法国 CARBIOS 一家，中国的酶解聚工厂刚刚起步 [128]。这使得固定成本分摊变得困难，进而影响了技术的经济性。在当前阶段，政策补贴也是影响酶法解聚成本竞争力的重要因素。例如，欧盟的碳税政策可以提升酶法解聚 PET 的成本竞争力。然而，在发展中国家，还缺乏类似的政策机制。因此，在推广酶催化解聚技术时，需要充分考虑规模效应和政策补贴等因素，以制定更加合理的经济策略。

酶生产成本高也是制约酶法 PET 循环技术广泛应用的另一个重要因素。目前，工业级酶制剂的价格过高，高昂的原料成本无疑增加了整个生产过程的经济压力。为了降低酶的生产成本，学术界和工业界都在积极探索合成生物学量产技术。相信基于技术革新，有望尽快促成酶的大规模、低成本生产，从而进一步推动酶法解聚高分子循环技术的产业化进程。

4.2.3 产业链协同瓶颈

在高分子材料循环回收的产业链中，原料供应的碎片化问题必须重视。收集体系的低效是制约原料供应的首要因素。由于混合塑料的分选成本高昂，甚至可占解聚总成本的一半，导致原料的纯净度和一致性难以保证。因此，如何优化原料收集体系，提高分选效率，以及降低化学品处理的复杂性，是当前产业链协同面临的重大课题。

再生料市场壁垒和认可程度也影响高分子材料循环回收产业的发展。一方面，食品级认证成为酶法 rPET 进入市场的必经之路。然而，无论是欧盟的 EFSA 认证还是美国的 FDA 认证，其周期均较长，这不仅增加了企业的时间成本，也限制了再生塑料的快速市场推广。另一方面，消费者接受度也影响再生塑料食品包装市场的进一步发展。调查显示，男性、年长者等消费群体对再生塑料食品包装持保留态度，这也反映出部分消费者对再生材料安全性和可靠性的担忧[129]。因此，如何提高再生材料的食品级认证效率，以及增强消费者对再生塑料的信任度和接受度，也是推动高分子材料循环回收产业发展的难点。

4.3　解聚：从实验室到工业 4.0

4.3.1　酶降解 - 化学反应协同

在探索高分子材料循环回收的未来突破方向时，酶 - 化学协同系统展现出了巨大的潜力。其中，串联催化降解可看作一个典型途径。对于非常惰性的饱和 C—C 主链，采用多级连续的酶催化和化学处理相结合的方法，让 PE 大分子转化成为官能化分子，成功减小了 PE 粒子的尺寸[130]。

混合废弃物处理也是酶 - 化学协同方法大有可为的方向。当然，其实现过程面临着多功能催化剂的开发等难题，一旦取得突破，有望为混合塑料的循环利用提供新的方案。

4.3.2　人工智能驱动的催化设计

当前，人工智能技术的快速发展为催化设计带来了新的机遇。在催化剂高通量筛选方面，机器学习算法的应用显著提高了筛选效率。例如，酶介导的生物催化解聚是塑料处理和回收的有效和可持续的方案。使用传统的基于培养或组学的方法发现新的塑料降解酶是非常耗时的。研究者们设计开发出基于机器学习的创新框架，可用于挖掘在降解感兴趣的塑料方面具有高潜力的酶。这一方法有效地将实验验证的条目集中了 14～30 倍，同时筛选出有前景的塑料降解酶候选者。快速从 10 万个推定序列中鉴定出 27 个高置信度的新序列 [131]。相信在这一轮科技变革中，人工智能驱动的催化设计方法会为高分子材料的循环回收提供更精准、高效的解决方案。

酶 - 化学协同系统进一步与人工智能技术的融合也是可以寻求突破方向之一。通过结合酶的高选择性、化学催化的高效性以及人工智能的精准预测和优化能力，有望进一步提高高分子材料循环回收的效率和产物附加值。若在催化剂的开发和筛选过程中，利用机器学习算法来预测催化剂的活性选择性，有望明显加速新催化剂的研发进程。同时，在反应条件的优化方面，也可借助数字孪生模型等人工智能技术来实现实时优化和控制，提高反应的转化率和产物纯度。

4.3.3 循环经济的基础设施建设

循环经济基础设施建设也是实现高分子材料循环回收的重要组成部分。分布式解聚中心的建设可以纳入重要的考量方向。若能实现城市周边小型酶解聚工厂的普遍化，就地处理废弃高分子，可以显著降低运输成本，提高回收效率。

除了分布式解聚中心外，跨行业物料循环也是循环经济基础设施的重要组成部分。通过化学 - 能源耦合的方式，可以将聚烯烃氢解生成的烷烃用于燃料电池，副产的热能还可以供给解聚反应，从而提高系统的能效。这种跨行业的物料循环模式不仅实现了资源的最大化利用，还降低了生产成本和环境污染。

酶催化解聚技术的创新，不仅代表科学技术的前沿进展，也标志着人类从“征服自然”向“协同自然”的深刻转型。上述转型的核心在于，通过生物酶的精准性与化学反应的普适性，找到了处理废弃高分子的新途径。这些技术将废弃高分子视为资源再生的宝贵起点，实现了废弃物向资源的转化。然而，要将酶催化降解技术实现规模化应用，仍面临诸多挑战。

在技术层面，亟须开发能够耐受复杂底物的超级酶与多功能催化剂。仍是因为现实生活中的废弃高分子高度混合，不同时间、不同地点、不同场景的成分复杂多变，处理难度很大。只有突破混合塑料处理的瓶颈，才能实现塑料废弃物的高效、全面回收。同时，经济层面的制约也是酶催化降解技术大规模应用的重要制约。可通过碳定价机制、绿色金融政策以及规模化生产等方式，为技术的进一步商业化提供支持。

此外，除了技术和经济层面的挑战外，制度层面的完善也必不可少。为了推动全球范围内的高分子材料循环回收，亟待建立全球统一的再生料标准与认证体系。这将有助于消除贸易壁垒，促进技术转移与合作，为高分子材料的循环回收提供有力的制度保障。

5　政策工具对循环经济模式的激励

高分子材料的循环经济转型，本质上是一场关乎学科、技术、市场与社会的系统性变革。在这一进程中，政策工具可重塑经济主体的成本—收益结构，成为驱动技术突破、市场转型与公众参与的有力推手。已有全球实践表明，缺乏有效政策干预的循环经济难以突破“市场失灵”的桎梏。本节从政策工具的类型出发，结合国际经验与中国实践，系统地解析税收、法规、补贴与信息工具如何协同作用，推动高分子循环从实验室创新迈向规模化应用，探讨政策设计的优化路径。

5.1　政策工具的分类与作用机制

5.1.1　经济激励型工具

在经济激励型工具中，可设计和采用碳税、塑料税等机制。其作用逻辑在于通过增加原生塑料的环境成本，缩小其与再生料之间的价格差距，激励市场向更环保的材料转型。以欧盟为例，2021 年实施的“塑料包装税”政策，对每千克非回收塑料征收 0.8 欧元的税费，这一措施显著推动了企业再生材料使用比例的提升。从成本效益角度来看，每征收 1 欧元塑料税，不仅能减少 0.5 kg 的塑料废弃物，有效缓解环境污染问题，还可刺激再生技术投资的增长，形成环境与经济双赢的局面。

2024 年底，中国政府推出的大规模“以旧换新”补贴政策，让消费者将旧物返回生产商，在购买新品时，政府给予一定的资金补贴。如果该政策能够推行至所有商品

（尽管不太可能实现，但值得设想），那么，对于各种混合、复合的材料、器具、设备等，都可以进行集中拆解、大规模分级分类处理，将极大地方便物资的再利用、分级回收和淘汰。这种方式可称为“原籍循环”——让混合、复杂的器械、设施回到生产它的地方（相同产品的生产商），通过政策引导，使这些生产企业主动配套循环利用工厂，这将是使中国的废弃物处理领先于全球的重要制度设计。再以法律法规和资金补贴等方式，推动生产商愿意承担集中回收和处置废弃商品的工作。事实上，企业自主展开相关物品的回收，通过合理的以旧换新补贴，不但可以保持消费的持续性和黏性，还能树立企业注重环保的正面形象，对生产企业并非负担，而是能够产生经济效益。

补贴与绿色信贷也是促进高分子材料循环利用的重要经济激励工具。有政协委员就提出由政府提供专项资金用于全生物降解地膜的推广应用，将全生物降解地膜推广资金纳入农业发展支持计划，由政府统一采购向用户提供生物降解地膜。同时加大对生物降解地膜配方研发、示范推广项目的支持力度，上下游企业形成战略联盟，攻关解决我国残膜污染问题较为严重地区所面临的难题，促进生物降解地膜应用。通过设立产业化专项资金，对重点企业的生产和销售实行资金专项补贴，以解决研发生产成本高的问题。同时对购买使用降解地膜的每亩给予相应补贴，提高农户的积极性。经济激励政策不但有助于减轻企业负担，还有望吸引投资机构进入这一领域，为再生塑料产业的快速发展注入新动力。

5.1.2 法规强制型工具

在法规强制型工具中，生产者责任延伸制度是典型代表。它强制企业承担包装废弃物回收的大部分成本，这一举措极大地促进了包装废弃物的回收再利用。德国的“绿点”系统与 AI 的成功结合，可将 PET 瓶的回收率提升至 100%，充分展现出该制度与技术在实践中的效力。2020 年，中国也将生产者责任延伸纳入了《中华人民共和国固体废物污染环境防治法》的法律框架中。尽管尚未与欧洲一样，将生产者责任延伸要求施加于塑料生产企业，但相信在多个领域（如电器电子、铅蓄电池、车用动力电池）的试行和经验的积累，将会让生产者责任延伸制度一旦开启实施，会更加顺畅。当然，必须加大监管力度，确保政策的有效执行。

除了生产者责任延伸制度外，禁令与标准也是推动高分子材料循环回收的重要法规工具。加拿大在 2022 年实施了《一次性塑料禁令》（*Single-use Plastics Prohibition Regulations*：*SOR*/2002-138）：禁止制造、进口和销售一次性塑料结账袋、餐具、由有问题塑料制成或含有问题塑料的餐饮用品、环形载体、搅拌棒和吸管。这一禁令直接促进了替代材料市场的快速增长。很明显，通过立法手段限制非环保材料的使用是推动市场向更环保的方向转型的高效举措。

另外，再生材料强制掺混的措施已在多个国家形成强制措施。如法国规定，2025 年，所有塑料包装必须包含至少 50% 的再生材料。英国的规定是从 2022 年起，对可再生塑料含量低于 30% 的塑料包装征收 200 英镑 /t 的税款。美国的《2024 年加速塑料循环经济与回收创新法案》设定到 2030 年塑料包装中再生材料的含量至少达到 30% 的目标 [132]。这类政策不仅提高了再生材料的市场需求，还推动了解聚技术等再生技术的商业化进程，为高分子材料的循环回收提供了有力的技术支持和政策保障。

5.1.3　自愿协议方案

行业自律公约等形式的倡议，也可有效参与高分子材料循环回收的推广。艾伦・麦克阿瑟基金会发起的《新塑料经济全球承诺》倡议是一个典型示例，该倡议自 2018 年启动以来，已有超过 500 个签署方承诺：淘汰不必要的塑料；通过创新设计确保必要的塑料均可安全地被重复使用、回收或堆肥；确保塑料制品在经济系统中的循环。实施至 2023 年，基金会总结的实施成果是每年避免了近 300 万 t 原生塑料的生产，消费后再生塑料的比例提升了 1 倍以上，意味着每年减少了超过 300 万 t 温室气体排放。众多企业参与和明确承诺，为塑料循环经济的推广奠定了坚实基础 [133]。

中国合成树脂协会塑料循环利用分会也发挥了积极作用，通过制定行业公约，组织编制的国家再生塑料系列标准，支撑和参与中国政府结束塑料污染谈判，提出中国治理塑料污染方法论，推动再生行业智能制造和数字化追溯，推动企业使用再生塑料，使再生塑料在家电等市场的使用面和使用量显著提升。

5.2 中国实践：政策驱动下的转型与挑战

5.2.1 政策工具箱的演进

由于中国的历史原因，无论在科技革命、工业革命还是在“二战”后的经济发展上，中国都以“后发”身份参与到全球发展和竞争中。这一过程兼具高速发展和加速转型的矛盾与难度，因此政策的引导作用至关重要。

在高分子循环政策方面，以行政命令为主导可以称为“1.0 阶段”（2008—2015 年）。这一时期，政府推出“限塑令”，旨在限制超薄塑料袋的使用，以减少塑料污染。然而，由于市场需求旺盛且监管成本高，合规率并未达到预期。同时，政府对光伏、风电等产业给予补贴，以促进清洁能源的发展。但总体来说，这一时期的循环经济政策尚处于碎片化阶段，缺乏系统性和整体性，实施效果有限。

政策引导市场可以称为“2.0 阶段”（2016—2020 年）。例如，“无废城市”试点项目启动，深圳建成了单厂全球规模最大的垃圾焚烧发电厂，日均处理能力达到 5 000 t，每年约处理深圳市所有居民年垃圾总量的 1/3，标志着城市在废弃物处理方面的进展。碳交易试点也覆盖了再生塑料领域，尝试通过市场机制促进再生塑料的利用。尽管如此，该市场的活跃度还不高，且碳价仅为欧盟的 1/10，一定程度上限制了市场机制在推动循环经济方面的潜力。

系统化的立法可以看作政策工具箱的演进到了“3.0 阶段”（2021 年至今）。《“十四五”循环经济发展规划》的发布，明确提出了再生塑料的产量目标。同时，海南作为“全岛禁塑”的试点地区，生物降解塑料的替代率超过了 70%，取得了显著成效。然而，省外输入漏洞是存在的。这也提示需进一步完善监管措施，确保政策的全面有效实施。

5.2.2 采用政策工具面对重要挑战

其一，政策执行落差是塑料循环回收领域面临的一大难题。在央地博弈中，部分地方政府出于保 GDP 的考虑，对违规塑料企业的监管不够严格，导致政策执行不到位。地方保护主义行为不仅会损害政策的权威性，也阻碍了塑料循环回收产业的健康发展。此外，监管能力的缺乏也是政策执行落差的重要原因。基层环保部门由于缺乏快速检测手段，对虚标“可降解”产品的查处率不高，这使市场上存在假冒伪劣的可降解塑料产品，扰乱市场秩序。

其二，经济激励扭曲也是塑料循环回收领域需要解决的重要问题。一方面，有的企业为了套取政府补贴，盲目扩产生物降解塑料，导致产能过剩，但利用率不高。患上“补贴依赖症”不仅浪费了资源，也降低了生物降解塑料市场的竞争力。另一方面，全国碳市场尚未纳入塑料行业，企业缺乏减排动力。这使塑料行业在碳减排方面的贡献有限，也制约了塑料循环回收产业的发展。

其三，公众参与短板也是塑料循环回收领域难以忽视的问题。在二三线城市及乡村，垃圾分类参与率低，混合垃圾的存在严重降低了再生材料的品质。这不仅增加了回收处理的难度和成本，也影响了再生材料的市场价值。同时，绿色消费溢价低也是公众参与不足的原因之一。调查显示，中国消费者愿意为再生制品支付上限仅 10%，且在调查结果中的比例不超过 60%[134]。这意味着再生制品在市场上的竞争力还不强，市场拉动力不足。因此，提高公众的环保意识和参与度，将是推动塑料循环回收产业发展的重要基础。

5.3　构建“激励—约束—赋能”三位一体政策体系

5.3.1　增强政策刚性

为了有效地推动塑料循环经济的发展，首先应从立法层面进行升级。所设立的法律法规应明确生产者、消费者以及政府在塑料循环经济中的权责，确保各方能够各司其职、协同推进。为了增强法律的威慑力，还应设定违法成本上限，如对企业处以一定比例营业额的罚款，以此遏制违规行为的发生。更进一步地，将塑料行业的碳排放纳入全国碳市场管理体系，制定相关政策，使配额分配向再生企业倾斜，从而激励企业积极参与塑料回收再利用，促进达成碳减排目标。

在执法层面，技术赋能是提升执法效率的关键。为了快速准确地检测塑料成分及再生材料比例，可推广便携式检测设备，使基层执法人员能够现场进行检测，及时发现并处理违规行为。同时，为了建立全国范围内的塑料流向追踪平台，应利用区块链技术确保数据的不可篡改性，从而实现塑料从生产到回收的全过程可追溯。不仅有助于监管部门掌握塑料的流向和使用情况，还能为政策的制定提供科学依据，进一步推动塑料循环经济的健康发展。

5.3.2 优化经济杠杆

在推动塑料循环经济的发展过程中，优化经济杠杆也至关重要。动态补贴机制是有效引导资金流向关键技术领域的重要举措之一。具体而言，应根据技术成熟度灵活调整补贴力度，在实验室阶段，为了鼓励创新研发，甚至可补贴研发经费至 80%。而当技术进入产业化阶段，补贴力度则可逐渐降低，以促使企业依靠市场机制自身发展。此外，实施“阶梯式碳税”也是优化经济杠杆的重要手段。通过对原生塑料征收碳税，且税率可逐年递增。该举措可明显增加原生塑料的生产成本，从而激励企业转向使用再生塑料，促进塑料循环经济的发展。

绿色金融创新也是优化经济杠杆可以采取的重要举措之一。为了专项支持化学回收与酶解聚技术等前沿领域的发展，发行“塑料中和债券”，募集资金用于这些关键技术的研发与应用。银行可对从事高分子循环行业提供低息贷款，以降低再生企业的融资成本。为了确保这一政策的可持续性，央行可以通过再贷款机制为银行提供利差补贴，从而鼓励银行积极参与绿色金融业务，为塑料循环经济的发展提供有力的金融支持。

5.3.3 激活社会参与

从分析中可以看出，在推动塑料循环经济的发展过程中，激活社会的广泛参与是非常重要的。在教育体系改革中，培养大众的环保意识是基础。为此，应将循环经济理念纳入中小学必修内容，通过系统化的教育，使下一代从小树立起环保观念，为未来的可持续发展奠定坚实基础。同时，为了更广泛地传播零废弃理念，依托新媒体平台开展相关宣传和推广活动。

除了教育体系改革外，构建社区共治网络也是激活社会参与的重要途径。在这方面，可以借鉴上海的“绿色账户”模式，通过垃圾分类积分兑换地铁卡、医保折扣等公共服务，激励居民积极参与垃圾分类，形成良好的环保习惯。此外，为了保障拾荒者的权益，或可设立相关组织，将培训引入拾荒行业，使高分子的分离分类进入规范体系。此举不仅能规范回收行为，提高回收效率，还有望为弱势群体提供社保与技能津贴，提升他们的生活质量。

高分子循环经济的实现，并非仅依赖单一的技术突破，而是需要在政策工具的精准调控下，进行一场复杂的系统重构。综观全球，从德国的碳税与扩展生产者责任协同机制，再看中国“无废城市”的积极探索，这些实践经验无不揭示了一个共性规律，即单一政策工具的效果往往有限，难以全面应对市场失灵、激励技术创新并重塑公众行为。因此，必须结合经济激励、法规约束和社会赋能的组合策略，通过多维度的政策协同作用，来破解这些难题。未来政策的设计与实施，需要向以下三个方向深化：

首先，政策需要更加精准化。基于蓬勃发展的大数据与人工智能模拟技术，对政策效果进行动态评估，并根据评估结果不断迭代和优化政策工具组合。通过精准施策，可以确保政策能够更有效地引导市场行为，促进高分子循环经济的发展。

其次，政策的制定需要有全球化考量。在全球化背景下，应积极推动国际标准互认，如再生材料的 CE 认证与中国的 GB 标准互认，以避免绿色贸易壁垒的阻碍。这将有助于促进国际合作与交流，共同推动高分子循环经济的全球化发展。

最后，政策设计还应注重人本化。在推动高分子循环经济转型的过程中，须将公平正义嵌入政策内核，确保弱势群体（如拾荒者）的权益得到保障。这意味着政策的制定需要充分考虑转型对弱势群体的影响，采取相应措施来减轻他们的负担，并为他们提供必要的支持和帮助。唯有如此，政策工具才能从“外部推力”升维为“系统基因”，真正驱动高分子材料从线性消耗转向循环再生，进而助力可持续发展的相关目标顺利达成。

6　小结：技术—政策双轮驱动下的循环体系构建

高分子循环科学与技术的发展，是一项涵盖技术突破、政策协同与社会参与的系统工程。本篇通过梳理全球实践、技术挑战与政策工具，揭示了高分子材料从线性消耗转向循环再生的复杂路径。

6.1 高分子废弃物回收的全球实践暴露了技术与经济的双重失衡

尽管物理回收（二级回收）因能耗低而被广泛应用，但材料降级——源于分子链断裂与添加剂污染等问题——限制了其高值化应用。化学回收（三级回收）虽能实现闭环再生，却面临高温、高压反应下的高能耗和产物纯度不足的瓶颈。与此同时，市场失灵问题尤为突出。化石燃料的补贴使原生塑料具备价格优势，而再生塑料的市场竞争力因此受挫。生产者责任延伸（EPR）制度执行不力，发展中国家则因监管缺位导致回收体系碎片化，塑料回收依赖非正规拾荒者，其权益与技术能力却被长期忽视。商业化案例的成败对比进一步说明，技术需与市场需求相匹配，政策设计需兼顾长期可持续性。

6.2 复杂混合高分子的分选与表征正经历从经验到智能化的技术跃迁

传统物理分选因精度不足逐渐被光谱技术替代，一些新技术可穿透黑色塑料识别添加剂，但检测速度慢，高光谱成像结合人工智能的助力，实现实时分选且精度高，成为工业新趋势。智能化分选限制提升了效率且降低成本，但高硬件投资费用制约了中小企业的应用。表征技术的精准化突破同样关键，生命周期评价可有效量化碳减排效益。然而，技术的系统集成仍面临挑战，对于多层复合塑料、黑色塑料等，应进一步突破剥离分离的技术瓶颈，并探索共享分拣中心与碳信用交易等经济模式。

6.3 可生物降解高分子的产业化进程深陷性能与市场的双重悖论

当前，一批可生物降解高分子已经被合成并走向市场。但品种有限，无法满足通用高分子大量的应用场景要求。此外，降解条件依赖进一步加剧矛盾。仅为数不多的城市具备工业堆肥的相关设施条件。而各国标准差异还会推高企业认证成本。中国虽在产能扩张与地膜推广等领域中取得进展，但原料成本波动、监管漏洞与政策激励不足等因素汇聚，仍制约着可降解高分子的产业化进程。

6.4　酶催化与化学解聚技术展现了生物与化学协同创新的潜力

酶降解技术已经从实验室验证走向了工厂化实施，让高分子废弃物的处理看到了新道路上的曙光。我国相关技术尚处于起步阶段，规模效应不足而推高边际成本。人工智能的引入有望加速该领域的突破。机器学习筛选塑料降解酶候选者，分布式解聚中心减少运输成本，化学—能源耦合提升能效。然而，天然酶活性低、底物范围窄及固定化酶的高昂成本仍是工业化亟待解决的关键问题。

6.5　政策工具的优化成为破解市场失灵的关键杠杆

各国各地区都在使用政策工具包来促进高分子废弃物的回收利用，但跨区域输入漏洞与基层监管乏力等普遍存在的问题使得执行落实有落差。未来，有待构建“激励—约束—赋能”三位一体体系协同发力，同时应加强全球协作和国际标准互认等工作的推进。唯有通过精准化政策设计、人本化社会参与和技术普惠化推广，方能将高分子材料从线性消耗转向循环再生，为全球可持续发展提供科学范式与实践蓝图。

第 5 篇

高分子循环学科：交叉、复合型人才培养体系

1　高分子循环学科的基本知识架构

高分子循环学科的系统性确立，将有力地促进高分子基材料从传统的“合成—应用—废弃”单向线性模式向“设计—使用—再生”循环模式的转型。这一转型不仅依赖技术突破与政策支持，更需要通过教育体系培养具备跨学科视野、系统思维与实践能力的复合型人才。核心课程与交叉知识模块的设计，是构建这一教育体系的基石。本节从学科内涵出发，结合近年来全球高校有益实践，系统阐述如何通过课程设置与知识融合，培养能够应对循环经济挑战的新一代科技工作者、技术推广应用专家及政策制定者。

1.1　高分子循环学科的教育目标与能力框架

1.1.1　学科内涵与核心能力需求

首先，高分子循环学科应是一门交叉学科，其核心在于实现“资源闭环”，这一理念应贯穿于高分子材料的绿色合成、高效回收、再生利用及全生命周期管理的各个环节。该学科的教育目标旨在培养具备全面能力的专业人才。

在技术能力方面，学生需要掌握高分子降解、分选、解聚与再合成的前沿技术，这是实现高分子材料循环利用的基础。同时，系统思维也是不可或缺的，学生需深入理解材料流动与生态、经济、政策系统之间的相互作用，以便在面对复杂问题时能够综合考虑多方面因素。

跨学科协作能力也是高分子循环学科应当强调的，学生应能够与化学、环境科学、数据科学等领域的专家协同创新，共同推动学科的发展。

此外，伦理责任的培养同样重要，学生需树立可持续发展价值观，平衡技术创新与生态保护的关系，确保技术的发展符合社会的长远利益。

1.1.2　复合型人才的“T 型能力模型”

高分子循环学科的建设和发展，对人才的要求应达到复合型人才的“T 型能力模型”，即人才在纵向深度和横向广度上的全面发展。

在纵向深度方面，学科人才需要精通高分子化学、加工工艺与循环技术，这是专业领域内的核心竞争力。

在横向广度方面，学科人才应熟悉环境政策、工业生态学、经济模型与数字化工具，这些跨学科的知识将使他们能够更好地将技术应用于实际问题的解决。

此外，实践链接能力也是“T型能力模型”的重要组成部分，人才需具备实验室研究、工程化转化与政策分析的综合能力，以便将理论知识转化为实际成果，推动高分子循环学科的发展和应用。

只有培养具备“T型能力模型”的复合型人才，才能够更好地应对高分子循环领域面临的挑战，推动学科的持续进步和创新。

1.2 核心课程模块

1.2.1 基础理论模块

在高分子科学与循环原理的基础理论模块中，首先应聚焦于高分子化学与物理基础。课程内容需涵盖聚合反应机理，包括自由基聚合、缩聚以及开环聚合等关键过程，这些机理是高分子材料合成的基础。同时，应深入探讨高分子链结构与性能之间的关系，如结晶性、流变性和热力学性质等，这些性质直接决定了高分子材料的应用范围和性能表现。在此基础上，应加入生物基单体的合成路径，如乳酸、羟基脂肪酸等，通过与石油基高分子进行对比，分析它们的环境足迹差异。

循环经济与工业生态学的核心理论在高分子循环这一学科中必不可少。这一部分内容可包括物质流分析（MFA）、生命周期评价（LCA）以及生态效率（Eco-efficiency）等关键概念，这些理论工具为评估高分子材料的环境影响提供科学依据。为了将理论付诸实践，教师可教授学生如何使用SimaPro或OpenLCA等软件，模拟高分子材料的全生命周期环境影响，从而使学生能够直观地了解材料从生产到废弃的全过程给环境带来的负担。此外，还通过案例研讨的方式，如对比机械回收与化学回收PET的碳足迹，探讨不同技术选择在经济和环境方面的权衡。这样的教学设计不仅加深了学生对循环经济的理解，也培养了他们在实际问题中运用循环经济原理的能力。

1.2.2　技术核心模块

在技术核心模块中，先聚焦于高分子废弃物分选与预处理技术。这一领域的技术原理涵盖了密度分选、光谱识别（如近红外光谱 NIR、高光谱成像 HSI）以及 AI 驱动的分选算法，这些技术为高效、准确地分选混合塑料提供了可能。为了让学生深入地理解并掌握这些技术，可设计实验环节，学生分组操作小型分选设备，通过实际操作优化混合塑料（PET、PE、PP）的分选效率。可进一步提出挑战性课题，如提升黑色塑料的识别率——行业内的典型难点问题。为此，可引导学生探讨最新技术的实验室验证和潜在应用。

生物降解与化学解聚技术方面，其核心内容应包含酶催化解聚、超临界流体解聚及催化氢解等前沿技术。例如，可结合合成生物学知识，引导学生设计工程菌株，优化聚羟基脂肪酸酯（PHA）的发酵效率，培养学生的实践操作能力和跨学科整合能力。有条件的高校还可以安排工程实训环节，让学生在试点工厂参与工艺调试、记录能耗与产率等工作，使学生亲身体验到循环技术的实际应用和工程实践的重要性。

在再生材料的高值化方向，应结合材料设计—加工—表征课程与实践，如再生高分子的共混改性、纳米复合增强等。对再生材料的性能评价，可学习拉伸试验、差示扫描量热法等，全面评估其力学与热性能。

通过新技术的学习和应用，3D 打印线材、环保家具等，促进学生在商业化设计与推广方面的思考与能力。

1.2.3　政策与管理模块

建立高分子材料的循环经济体系是一项系统工程。当前，政策与管理的支持必不可少。在这一模块中，首先应深入了解环境政策与法规对循环经济的影响。在全球范围内，各国政府纷纷出台相关政策以推动循环经济的发展，如欧盟的《循环经济行动计划》、中国提出的“双碳”目标，以及美国颁布的《塑料污染生产者责任法案》等，这些政策框架为循环经济的实践提供了明确的指导和支持。为了深入理解这些政策工具的有效性，可对碳税、扩展生产者责任（EPR）制度、绿色采购标准等政策工具进行详细分析，评估它们在促进循环经济方面的作用和效果。

为了增强学生的实践能力和商务谈判、辩论能力，还可开展模拟听证会等新课堂形式，学生分组扮演政府、企业、非政府组织（NGO）的代表，就“一次性塑料禁令”的可行性展开辩论。不仅加深了学生对政策制定过程的理解，也能锻炼思辨和表达能力。

此外，应当设立相关课程让学生了解循环商业模式与绿色金融。在商业模式创新方面，可以讲授产品服务化（PSS）、共享经济平台、再生材料认证体系等新型商业模式，这些模式为循环经济的实现提供了新的思路和途径。关于绿色金融工具，如碳交易、绿色债券、循环经济基金的设计与运作机制同样可以开设。这些工具为循环经济的发展提供了资金支持和保障。

在理论知识与实践相结合环节，可通过商业计划竞赛让学生围绕“塑料银行”或“化学回收中心”等主题撰写商业计划书，评估其技术与经济可行性。基于此，让学生将所学知识应用于实际问题的解决中，兼顾创业精神和团队协作能力的培养锻炼。

1.2.4 交叉学科模块

新一轮技术革命让学科之间的交叉变得必要且自然。当前，数据驱动的研发模式正逐渐成为高分子材料领域的新趋势。利用机器学习技术，如基于分子描述符的偏最小二乘（PLS）回归模型，来预测高分子材料的降解速率，可为材料的性能评估和使用寿命预测提供科学依据。同时，数字孪生技术的应用也为我们的研究开辟了新的路径。通过构建虚拟解聚反应器，可以对温度、压力与催化剂配比等参数进行优化，从而提高解聚过程的效率和产率。

为了让学生更好地掌握这些前沿技术，教师应设置编程实训环节，教授学生如何在 Python 与 MATLAB 等编程环境中应用这些工具进行材料性能的预测，如弹性模量、阻隔性等，这不仅可以提升学生的编程能力，也可以加深他们对数据科学与材料科学交叉融合的理解。

在可持续产品设计的学习与实践方面也应不断推进。可持续设计是循环经济理念在产品设计领域的具体体现，它强调在产品设计阶段就充分考虑其环境影响和资源利用效率。教师可向学生讲授生态设计原则，如模块化设计、易拆解结构和材料单一化策略，这些原则有助于减少产品在使用和废弃阶段的环境负担。同时，一些可持续设计的工具和方法也可设立课程，如生命周期设计（LCD）和仿生设计（如受蜘蛛丝结构启发的高强度纤维的设计）。

可通过设计工作坊促进学生将理论知识转化为实践能力。例如，以“零废弃包装”为主题，要求学生团队合作完成从概念到原型的设计方案。

高分子循环学科的教育体系，是循环经济从理念到实践的核心转化器。通过核心课程与交叉模块的设计，学生不仅能掌握降解、分选与再生的技术利器，而且能理解这些技术如何嵌入政策、经济与社会系统。全球高校的实践表明，成功的教育模式都是打破学科藩篱、强化产教融合和实践能力的。

未来，随着人工智能、合成生物学等技术的渗透，课程内容将更趋动态。然而，教育的最终目标始终不变：培养一代兼具科学理性、生态良知与创新勇气的复合型人才，为高分子材料的循环利用注入永续动力。这一使命的实现，将重塑人类与材料的关系，开启资源利用的新篇章。

2　化学再造：交叉创新学科的枢纽

2.1　学科释义

对于废弃高分子材料，典型的物质回收途径总结起来有两条路：物理（机械）回收和化学回收。这两条路对高分子的纯度都有较高的要求。纯度较高的物料，通过简单清洗就可以造粒再生。一些物料也可以分解为小分子单体再聚合，得到崭新的高分子原料。

然而，在实际使用中的高分子已经掺入多种添加剂、与多种材料复合在一起使用，将这些高分子材料进行充分的分离、分类，处理成本将显著提升到失去经济价值。这便造成了废弃高分子的物质回收接近“应收尽收”的极限，最终无奈进入焚烧和填埋的末端方案。

将混合状态下的废弃高分子，设计简单、绿色的化学处理和加工方式，直接转化为有可用价值的新材料，定义这一处理方式为“化学再造”（Chemical Reengineering）。新产生的材料可以应用在完全不同的场景中。

最近，我们将收集到的包装废弃物聚乙烯和聚丙烯共混，同时加入膨胀阻燃剂聚磷酸铵。在受热辐射条件下，混合聚烯烃样条开始受热膨胀，形成多孔泡沫材料。相较于常见的聚苯乙烯泡沫，该泡沫具有难燃性、机械强度和成本三重优势[135]。

可以预见，将某些混合状态高分子进行改性、加工，更加丰富多彩的新材料可以被创造出来。它们不仅仅具有成本优势，在性能上，比起原有材料也毫不逊色。

化学再造理念在高分子循环学科中的位置汇总见图 5-1，该图也清晰地反映了高分子循环科学的作用：

人类使用的各种高分子原料来源有两种：石化原料来源或天然高分子来源。石化原料的大部分提供了能源，很快变成了温室气体。还有一小部分首先转化为化工原料，再通过合适的聚合手段得到高分子。这属于典型的高分子化学部分。

天然产物中也有以高分子为主体的原料，如棉、麻、毛、丝，通过简单的物理、化学处理即可得到纯度较高的产品。这些物料是高分子原料，可以直接根据其性能和用途分为塑料、橡胶、纤维、涂料和黏结剂、功能高分子这五大基础门类。

将上述物料通过共混加工，同时加入添加剂，或与纤维、纳米粒子进行复合，黏结或包覆在金属、玻璃等材质上……各式各样的加工处理办法将高分子原料变成高分子基材料，应用到生产、生活的各个领域当中。这个过程中的典型问题由高分子物理和高分子加工来回答。

高分子基材料在使用过程中的行为，涉及一个亚类方向，就是高分子的耐用性和老化。一旦高分子基材料完成其使命，就进入废弃阶段。对环境危害显著的途径就是随意丢弃、简单堆积、焚烧和填埋。而在本书中，强调的是物质循环回收的途径。其中，可生物降解的高分子如果处理得当，可以回归自然界，再一次通过生物体的作用变成天然高分子产物。对于不可降解的高分子制品，人们已经建立了丰富的化学回收和物理回收方法。

化学再造途径的提出，目标是进一步拓宽高分子物质循环的路径，不断取代焚烧、填埋和堆积处理废弃高分子。

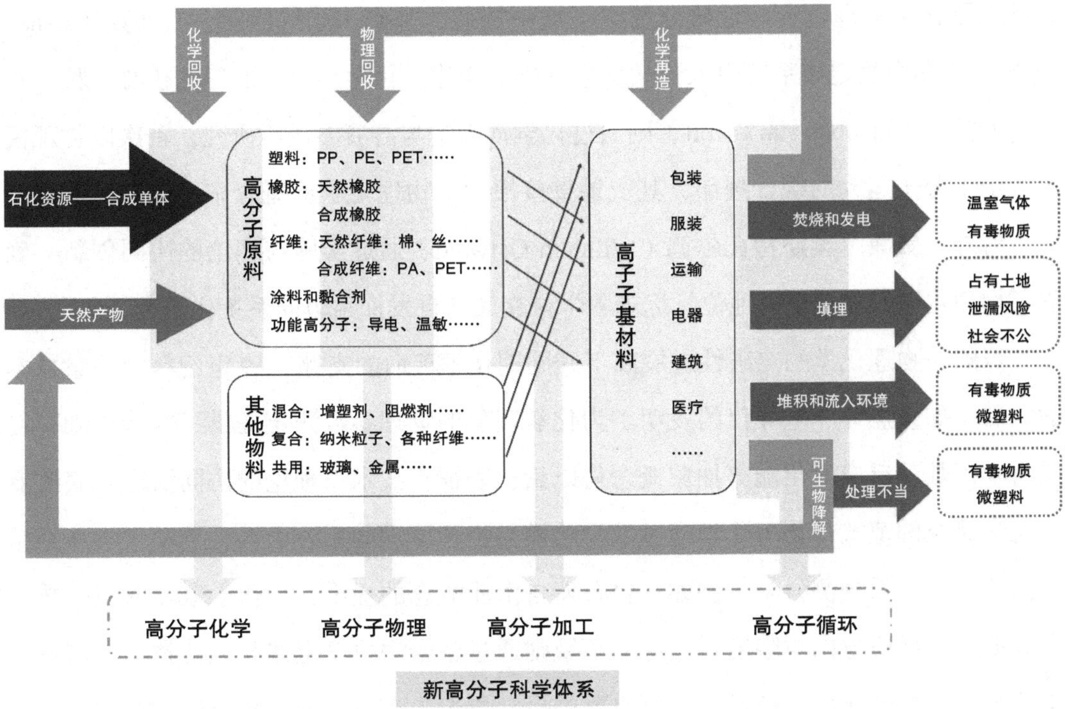

图 5-1　高分子科学的整体图景以及高分子循环学科的构成

2.2　化学再造作为交叉学科的本质属性

2.2.1　交叉学科的定义和典型

交叉学科（Interdisciplinary）一般是指两个或多个传统学科通过理论、方法、技术的深度融合，形成新的研究领域或学科体系。其核心在于打破学科壁垒，以解决单一学科难以应对的复杂问题，如环境科学（生物学 + 化学 + 地理学）或认知科学（心理学 + 神经科学 + 计算机科学）等。

物理化学或可视为最早的交叉学科之一。其诞生根植于 19 世纪科学体系分化与整合的双重需求。随着经典化学研究向微观机制与动态过程的深入，化学家逐渐意识到，诸如反应速率、热效应及电化学行为等复杂现象难以通过传统经验性化学理论充分阐释。这一科学发展的内在矛盾催生了学科融合的必然性——亟须借助物理学中的热力学、电磁学等定量化理论框架，实现对化学过程的数学建模与机理解析。在此背景下，一批先驱科学家通过突破性研究奠定了这一学科的基础。如约西亚·吉布斯（Josiah Gibbs）将热力学定律系统引入化学反应分析，构建了化学热力学的理论核心。雅各布斯·范托夫（Jacobus van't Hoff）则通过化学动力学与溶液渗透压研究，首次以物理模型揭示了分子运动的统计规律，其成果直接推动了物理化学从概念雏形走向学科建制化。另外，威廉·奥斯特瓦尔德（Wilhelm Ostwald）通过实验与理论的协同创新，确立了物理化学的独立学科地位，标志着学科交叉从自发探索迈向系统化研究。

当然，物理化学的突破性进展离不开同期技术革命的支撑。19 世纪精密测量技术的突破（如量热计、电导仪的发明）为化学现象的物理参数测定提供了实验基础，使热力学函数、反应活化能等抽象概念得以量化表征。技术与理论的协同演进彻底改变了化学研究的范式：物理化学通过数学建模与物理原理的系统引入，推动化学从经验性描述转向定量预测科学。例如，吉布斯自由能概念的提出，使化学家能够通过热力学判据预判反应方向与限度；电化学领域则通过整合法拉第定律与电池技术，实现了电能与化学能转化的可控设计。更重要的是，量子力学诞生后，薛定谔方程被迅速应用于化学键本质的阐释，催生了量子化学这一前沿分支，其理论框架直接支撑了现代材料科学与药物分子设计的革命性发展。

物理化学这一交叉学科的创立不仅重构了化学学科的知识体系，更在科学方法论层面产生了深远影响，其贡献可以表述为三点：其一，通过表面化学与催化理论的建立，为哈伯法合成氨等工业过程提供了关键理论支撑，彰显了基础研究向应用转化的跨学科潜力；其二，开创了“理论建模—实验验证—技术应用”的闭环研究范式，为后续生物化学、地球化学等交叉学科的兴起提供了方法论模板；其三，从根本上突破了传统学科的边界认知，证明了复杂系统的研究必须依赖多学科工具与思维的协同。

这种以问题为导向的跨学科整合思维，直接推动了 20 世纪科学从孤立分析向系统综合的转型，并为当代应对能源、环境等全球性挑战提供了历史性参照。

2.2.2 化学再造的交叉学科本质

随着全球高分子废弃物（如塑料、橡胶、合成纤维）的年产量突破 4 亿 t，传统填埋与焚烧处置模式已对人类生存环境和资源循环构成严峻威胁。在此背景下，“化学再造”将以一种新兴技术范式出现，其核心目标是通过绿色化学手段或物理加工工艺，将混合废弃高分子直接转化为功能性新材料。这一理念天生与交叉学科属性共同产生。其本质是对高分子化学、材料工程、环境科学、工业生态学等多学科理论与技术的系统性整合，最终实现资源闭合循环新路径的构建。

化学再造所面向的废弃高分子体系，本质上是一类具有多重异质性的非平衡态复杂系统。混合废弃物中多元聚合物（如 PE、PP、PET）的共存、添加剂（如增塑剂、阻燃剂）的残留以及污染物（油污、金属离子）的随机分布，导致其热力学状态与动力学行为显著区别于纯净高分子材料。这种复杂性直接颠覆了传统单一学科的研究范式。

从化学视角看，尽管催化解聚等选择性断键技术可定向回收单体，但杂质诱导的催化剂失活现象（如重金属离子占据活性位点）迫使研究者必须同时考量环境化学的污染物迁移机制与催化化学的界面反应动力学。

从物理视角看，机械回收过程中由熔融加工引发的分子链降解（如分子量分布变宽）不仅涉及材料流变学的剪切—温度耦合效应，更要求通过拓扑缠结网络重构（如固态拉伸诱导取向）实现力学性能恢复，本质上跨越了高分子物理与加工工程的学科边界。

从系统视角看，废弃物分拣成本占据再生价值链的核心权重（＞70%），其优化需整合工业生态学的物质流分析模型与经济学的边际效益计算，揭示技术可行性与商业可持续性之间的深层次矛盾。由此可见，废弃高分子体系的复杂属性天然要求多学科认知工具的交织，任何单一维度的研究均无法突破“技术孤岛”困境。

化学再造的学科交叉性进一步凸显于绿色化学原则与循环经济目标的多维耦合。其核心诉求在于同步实现原子经济性（化学转化效率）、过程节能性（工程可行性）与产品高值化（材料功能性），上述三重约束条件迫使研究者必须构建跨尺度的学科协作网络。

以超临界 CO_2 辅助解聚技术为例，在分子尺度需通过化工热力学分析超临界流体的相行为，明确 CO_2- 聚合物体系的溶解—扩散平衡条件。在介观尺度，需借助计算化学模拟聚合物链段与溶剂分子的动态相互作用（如分子动力学计算范德华力与氢键贡献），以预测解聚反应路径的选择性。在宏观尺度，则需通过高分子合成化学调控解聚产物的分子量分布（如链转移剂浓度优化），确保再生材料满足下游加工要求。通过跨越热力学、动力学和材料科学的整合研究，反映了循环经济理念对线性的原学科思维的颠覆——它不再将化学过程、工程放大与产品设计视为孤立环节，而是通过多目标优化算法将其耦合为协同演化的整体系统。因此，化学再造的学科框架绝非简单叠加既有知识，而是通过重构从分子设计到过程强化再到系统集成的方法论链条，实现可持续性目标下跨学科范式的涌现性创新。

然而，化学再造作为典型交叉学科的未来发展，也面临传统的科研、教育和产业体系的结构性制约。第一重障碍源于知识生产与传递的鸿沟。传统学科教育体系固化的专业边界，导致鲜有研究者能同时精通高分子合成化学的分子设计原理、催化反应机理的过渡态解析方法以及系统动力学的多参数建模技术，这种能力断层阻碍了废弃高分子多尺度转化技术的突破。更深层次的矛盾体现在学术评价体系的错配。交叉研究成果常因不符合单一学科期刊的范式标准，在同行评议中容易遭遇“非正统性”质疑，致使创新思想难以获得资源倾斜。最实际的挑战来自技术经济系统的路径依赖——现有石化产业链通过规模效应构筑的成本壁垒（每吨原生塑料比再生材料低200～300美元）与某些经济体的政策游说网络等，形成对再生技术的制度性压制。应当注意的是，上述挑战并非交叉学科的缺陷，而是其革命性的外显特征，它们揭示了线性学科范式在应对复杂系统问题时的局限性。

突破现有困境的关键在于将交叉学科特征转化为范式革命动力，并在未来发展中沿着多个方向展开。在技术维度，践行“化学再造”理念以催生多学科融合的颠覆性方案。在方法论层面，人工智能驱动的自主实验室有助于重构研究范式。从量子化学计算指导单体设计，到强化学习优化解聚工艺参数，再到数字孪生工厂实时调控生产流程，全链条自动化将跨越传统学科分工的认知断层。在系统层级，全球循环治理体系的构建可基于物质流智能网络的支撑。基于区块链的跨境废弃物追踪系统与物联网赋能的分布式微工厂网络结合，建立“地理空间—化学组成—经济价值”联动的动态调控机制，通过信息科学、地缘政治学与绿色化学的交叉重构全球生产。

可以说，“化学再造”的学科本质，是人类对技术与环境复杂适应系统的响应与重构。它并非简单叠加现有学科知识，而是以新的概念框架、方法论工具与社会技术系统，实现科学认知范式的跃迁。这种跃迁的深层动力，源于对线性经济模式危机的反思，以及对可持续未来的本体论重构。历史表明，真正的学科革命往往诞生于交叉地带——正如 19 世纪物理化学的兴起催生了现代化学工业，而“化学再造”或真正促成高分子材料从线性经济模式向循环范式的整体转型。在此过程中，交叉学科不仅是解决问题的工具，更是重新定义问题本身的知识生产机制。

3　高分子循环的技术经理人：产学研协同创新的桥梁

高分子循环经济的实现，不仅需要科学家突破技术瓶颈，更依赖一批兼具技术洞见、管理能力与市场敏感性的“技术经理人”（Technology Manager）。他们是连接实验室创新与产业化落地的桥梁，能够整合高校、企业与政府之间的资源，将前沿技术转化为可规模化的商业解决方案。本节从技术经理人的核心能力出发，结合全球产学研协同创新案例，系统解析其培养路径、实践模式与挑战对策，为高分子循环领域的人才培养提供战略框架。

3.1　技术经理人的能力模型与培养目标

3.1.1　核心能力框架

首先，技术经理人必须具备深厚的技术理解力。这不仅要求他们要掌握高分子合成、回收与再生技术的基本原理，还要紧跟前沿进展，如酶解聚、化学回收等新技术。技术经理人需要能够深入地理解这些技术的内在机制，同时，他们还应具备评估技术成熟度（TRL 等级）的能力，以及准确判断产业化过程中可能面临的风险，如能耗、成本和政策合规性等。全面的技术理解力是技术经理人制定科学决策、推动技术创新与产业化的基础。

其次，资源整合力是技术经理人不可或缺的核心能力之一。在技术创新的复杂生态系统中，高校、企业、政府与非政府组织等各方利益诉求各异。技术经理人需要具备高超的协调与沟通能力，以构建多方参与的创新联盟，共同推动高分子循环回收技术的发展。此外，他们还应熟悉科研经费的申请流程，如国家自然科学基金、欧盟地平线计划等，以及如何与风险投资进行有效对接，为技术创新提供充足的资金支持。

再次，市场洞察力对于技术经理人来说至关重要。需要密切关注再生材料市场的动态变化，深入分析食品级 rPET、生物降解地膜等再生材料的市场需求，并据此制定切实可行的商业化策略。同时，技术经理人还应具备预测政策趋势的能力，如碳税、禁塑令等政策的出台将对技术路线产生深远的影响。他们需要提前预判这些政策走向，调整技术策略，以确保技术创新与市场需求及政策导向的紧密契合。

最后，伦理领导力是技术经理人必须具备的高尚品质。在推动高分子循环回收技术创新的过程中，技术经理人应始终秉持生态保护的理念，平衡技术创新与生态环境保护的关系。他们应积极推动循环经济的公平转型，关注并保障产业中弱势群体（如拾荒者）的权益，确保技术创新成果能够惠及广泛的社会群体。这种伦理领导力不仅体现了技术经理人的社会责任感，也是推动高分子循环回收事业可持续发展的重要保障。

3.1.2 培养目标分层

对于初级技术经理人而言，其培养目标是能够熟练执行技术转化项目，并有效管理校企合作实验室的日常运营。这一层次的技术经理人需要具备扎实的技术基础和项目管理能力，能够确保技术转化项目的顺利进行。他们熟悉校企合作实验室的运作机制，能够协调各方资源，保障实验室的高效运转。通过这一阶段的培养，初级技术经理人可为技术转化和校企合作贡献力量。

中级技术经理人的培养目标则更加侧重于主导跨学科团队，设计循环经济商业模式，并推动区域创新网络建设。这一层次的技术经理人需要具备更强的领导力和创新能力，能够引领跨学科团队攻克技术难题，推动循环经济的创新发展。他们应深入了解循环经济的商业模式，能够设计出具有可持续性和竞争力的商业方案。同时，中级技术经理人还应积极参与区域创新网络的建设，促进各方资源的共享与协同，为区域经济的绿色发展贡献力量。

高级技术经理人的培养目标则是制定行业技术标准，有能力参与国际政策协商。这一层次的技术经理人需要具备深厚的行业洞察力和国际视野，能够准确地把握行业发展趋势，制定出具有前瞻性和引领性的行业标准。他们还应积极参与国际政策思考与协商，如全球塑料公约等，为国际循环经济的发展贡献中国智慧和力量。通过这一阶段的培养，高级技术经理人将成为该行业的领军人物，有效推动高分子材料和高分子循环回收领域的创新发展。

3.2　技术经理人的培养路径

3.2.1　课程体系设计

在技术经理人的培养路径中，课程体系设计是至关重要的一环。为了培养出既具备扎实技术基础，又懂得管理和政策的技术经理人，应精心设计跨学科核心课程。在技术模块方面，可开设“高分子循环技术”和“生命周期评价（LCA）与碳核算”等课程，旨在使学生掌握高分子循环领域的最新技术和发展趋势，以及产品全生命周期的环境影响评估方法。管理模块可用“创新项目管理”和“技术许可与标准化”等内容，旨在提升学生的项目管理能力和技术商业化运作水平。同时，政策模块中的“循环经济法规”和“国际环境协议谈判策略”等课程，使学生了解循环经济领域的法律法规和国际环境协议的谈判策略，为他们在国际舞台上发挥作用打下基础。

除了跨学科核心课程外，教师还应特别注重案例教学与模拟训练。在案例库建设方面，既应收录正面案例，如 Carbios 酶解聚 PET 的商业化路径，从实验室到万吨级工厂的成功经验，为学生提供可借鉴的范例；也应纳入反面案例，如澳大利亚 REDcycle 项目的失败教训，技术—市场脱节的深刻启示，使学生认识到技术商业化过程中的潜在风险和挑战。此外，通过模拟谈判的方式，学生分组扮演企业、政府与 NGO 代表，就“化学回收厂选址”进行利益博弈，这种实战式的训练不仅可以锻炼学生的沟通协调能力和谈判技巧，也可以使他们更加深入地理解各方在循环经济中的利益诉求和博弈过程。

3.2.2　实践平台构建

在技术经理人的培养过程中，实践平台的构建是不可或缺的一环，它为学生提供了将理论知识转化为实践经验的宝贵机会。构建校企联合实验室是建立实践平台的重要途径，其功能定位明确，主要聚焦于中试技术开发（TRL 4～6）、工艺优化与成本核算。在运营模式上，企业提供资金与设备支持，高校则负责技术研发工作，双方按照协议约定分享收益。这种合作模式不仅促进了产学研的深度融合，还有效推动了科技成果的转化。

除了校企联合实验室外，产业孵化器与加速器也是技术经理人培养的重要实践平台。在孵化阶段，产业孵化器为初创企业提供实验室空间、法务咨询与天使投资等全方位支持。在加速阶段，产业加速器则致力于对接供应链资源与规模化生产资本，助力企业实现快速发展。例如，高瓴资本的“碳中和”专项基金就为循环经济领域的优质项目提供了强有力的资本支持，推动了这些项目的规模化生产和市场化应用。

当然，国际交流网络也是技术经理人培养不可或缺的一部分。通过选派学生赴发达国家的相关机构参与跨国合作课题，不仅使学生可以接触到国际前沿的科研技术和管理理念，还能提升他们的国际合作与交流能力。此外，组织学生参加高水平国际会议，可以进一步拓宽学生的全球视野，使他们更加深入地了解全球循环经济的发展趋势和挑战，为未来的国际化发展奠定坚实基础。

3.2.3 评估与认证体系

在技术经理人的培养方案中，建立科学、全面的评估与认证体系是人才考核的关键。可设计技术指标、管理指标和伦理指标三个维度来全面衡量技术经理人的综合能力。

技术指标主要考查技术经理人参与研发的专利数量以及技术转化项目所带来的收益，结果直接反映其在技术创新和成果转化方面的能力。

管理指标侧重于团队协作效率和资源整合能力的评估，如项目按时完成率以及跨界合作机构的数量，它体现了技术经理人在项目管理和资源调配方面的水平。

伦理指标则关注技术方案的环境效益，如碳减排量、废弃物减量等，彰显了技术经理人在追求技术创新的同时，对环境保护和社会责任的担当。

为了进一步提升技术经理人的专业性和认可度，还可引入行业认证标准。国际技术转移协作网络（ITTN）和中国技术市场协会等权威机构可以协助认证。认证过程须通过笔试和实操考核。

通过上述严格的考核程序，合格的高分子循环技术经理人可顺利获得学位。这不仅是对他们专业能力的认可，更是他们在循环经济领域职业发展的重要资本。

3.3　挑战与突破路径

3.3.1　核心挑战

依托学科培养技术经理人面临着以下几大挑战。

其一，学科壁垒与知识碎片化是一个核心挑战。技术经理人作为连接技术、政策与市场的桥梁，需要同时深入理解高分子化学、环境政策与商业管理等多领域的知识。然而，当前高校课程体系仍以单一学科为主导，难以满足技术经理人跨学科的知识需求。为了应对这一挑战，可开设跨学科微专业。通过整合不同学科的课程资源，打破学科壁垒，形成系统化的知识体系。同时，建立学分认证体系，确保学生在跨学科学习中的成果得到认可，为技术经理人的全面培养提供有力支撑。

其二，利益分配冲突是校企合作中不可忽视的问题，也是技术经理人面临的一大挑战。在校企合作过程中，知识产权的归属往往成为争议的焦点。高校倾向于通过学术发表来展示研究成果，而企业则希望独占专利以获取市场竞争优势。这种利益分配上的冲突可能导致合作项目停滞乃至破裂。为了防范和化解这一问题，需要学习和思考更加公平、合理的利益分配机制，明确知识产权的归属和使用权限，以确保校企合作的顺利进行。

其三，区域资源不均衡也是技术经理人培养过程中面临的一大挑战。部分发达国家建立了成熟的产学研网络，为技术经理人的培养提供了丰富的资源和支持。然而，经济后发国家则缺乏广泛的资金与政策支持，尤其是区域差异和校际差异，导致技术经理人的培养面临困难。在短时间内，整体情况恐怕难以改善，这需要技术经理人队伍具有“造血能力”。

3.3.2　突破策略

面对技术经理人培养过程中的诸多挑战，政策创新不失为一项重要的改进策略。为了激励企业更积极地参与校企合作，可以考虑在税收政策上进行创新。具体而言，对参与校企合作的企业减免研发费用加计扣除比例。这样一来，企业在合作研发中的投入将得到更大的税收优惠，从而增强其合作意愿和动力。同时，在知识产权改革方面，也可以加大力度，不断激发和释放高校教师的创新活力，促进科技成果的有效转化。通过政策创新，有望为技术经理人的培养创造更加有利的外部环境。

除了政策创新外，平台化协作也是突破技术经理人培养挑战的有效途径。数字平台的搭建，如信息技术“云平台”，可以实现实验数据、技术需求与政策动态的共享，为技术经理人提供丰富的信息资源和合作机会。同时可以组建区域联盟，整合高校、企业与政府等多方面的资源，形成产、学、研、用紧密结合的协同创新体系。这种平台化协作模式不仅能够促进技术经理人的跨领域交流与合作，还能够加速科技成果的转化和应用，推动产业的快速发展。

应当注意的是，伦理与公平教育也是技术经理人培养中不可或缺的一环。为了在技术推广过程中充分考虑社会公平和弱势群体保护，可在课程体系中嵌入如“循环经济与社会公平”等课程，探讨技术推广可能带来的社会影响，以及如何保护弱势群体的生计转型。同时，通过实践项目的方式，要求学生为低收入社区设计低成本回收方案，这样既能锻炼学生的实践能力和创新思维，又能增强他们的社会责任感和使命感，为社会培养出既具备专业素养又富有社会责任感的技术转移人才。

3.4 技术经理人的全球网络与智能决策

3.4.1 产学研协同创新的全球模式

在欧洲，产学研协同创新模式以制度驱动和深度协作为显著特征。以德国 Fraunhofer 模式为例，Fraunhofer 研究所作为“创新中介”，在产学研合作中发挥着桥梁和纽带作用。它承接企业委托的研发项目，如巴斯夫的化学回收技术，同时高校教授与企业工程师联合指导博士生，促进了学术研究与产业需求的紧密结合。在技术经理人培养方面，Fraunhofer 模式强调实践经验的积累，研究人员需轮岗至企业如科思创参与中试生产，考核指标包括专利转化率（如设定目标高于 30%）与项目收益，这一机制有效地提升了技术经理人的市场化能力和成果转化效率。

荷兰政府发布的《2025　科学展望——未来的选择》政策报告中充分强调了科学、社会和产业之间的联系以及人才培养生态环境的构建。2023 年，荷兰经济事务和气候政策部批准并启动“新一代高科技发展计划”（NXTGEN HIGHTECH），以发展新一代高科技设备。在荷兰国家成长基金（National Growth Fund）的支持下，来自工业和研发的 330 多个机构将共同致力于开发新的高科技机械和生产技术，并将成果推向市场。荷兰以双元高等教育体系提供人才支持，即不仅兴办世界一流的研究型大学，还建设规模庞大、质量优良的应用科技大学。而 NXTGEN HIGHTECH 计划进一步强化了高等职业教育学院和大学的联系，将荷兰高科技产业和丰富的系统工程经验全面融入教育体系，强调系统工程专业能力的培养[136]。

在北美地区，产学研协同创新模式深受市场驱动和创业文化的影响。依托政府项目，美国政产学研界间一直合作密切，着眼于跨学科研究以促进机构之间的合作和创新成果产出。例如，美国制造业创新中心（Manufacturing Innovation Center，MIC）就是公私合作伙伴关系（Public-Private Partnership，PPP）的一个成功实践，它由 16 个相互联系的 MIC（分别是美国电力、革命性纤维与织物、集成光子制造、未来轻量制造、数字化制造与设计、美国制造、先进复合材料制造、柔性混合电子制造、高端机器人制造、3D 打印、生物制药、过程强化部署快速推进、先进组织生物制造、节能减排、生物工业、网络安全）构成美国国家制造业创新网络（National Network for Manufacturing Innovation，NNMI），目标即促进先进成果跨越基础研究和商业化之间的“死亡之谷”。对于科研人员，可在原单位和中心之间自由流动（包括双重聘用、联合聘用、阶段性任职、学术休假等方式）。该机构充分发挥“教学工厂”作用，注重通过各类培训提高员工各类经验技能，开展各级别的人才教育和培训、增强创新实力的方法与实践、扶持中小企业、提供基础设施共享服务。2021 年，NNMI 合作成员组织达到 2 320 个，其中 63% 是制造商（72% 是小企业），22% 为社区大学和主要研究型大学，15% 为国家和地方经济发展实体；开展重大技术和人才研发项目 708 项；先进制造业人才培训 9 万人；利用 1.27 亿美元的联邦资助、基金等，吸引投资 3.54 亿美元[137]。

加拿大滑铁卢大学的“Co-op”体系则是另一种具有北美特色的产学研协同创新模式。该体系强调校企轮岗，学生每学期交替在校学习与在企业全职实习，累计工作经验可达 2 年。这种实战式的培养方式使学生能够在真实的工作环境中锻炼技能，提升技术转化能力。同时，企业导师对学生的表现进行全面评估，其中技术转化能力占比高达 50%，这一评估体系直接关联到学生未来的职业发展。如果学生表现优异，企业甚至会发放聘书，为学生提供更多的职业发展机会[138]。加拿大塑料回收协会等企业的参与，进一步增强了“Co-op”体系的实践性和针对性，为培养具有市场敏感度和创业精神的高素质人才提供了有力支持。

日本的“产官学”一体化模式则是亚洲地区另一种具有特色的产学研协同创新模式。早在20世纪60年代日本就通过颁布《工矿业技术研究组合法》将产官学结合的研究开发体制立为国策，是政府深度参与的“行政命令式的运行模式”。如日本产业技术综合研究所（National Institute of Advanced Industrial Science and Technology，AIST）就是定位于以共性技术研究为主的连接从基础研究至新产品开发的全方位研究，建成高校和企业之间的桥梁[137]。在人才流动方面，日本在企业兼职的大学教师以持有股权的方式领取报酬，以鼓励大学教师参与风险企业的创业活动。这种灵活的人才流动机制推动了知识的双向转移，既促进了高校科研成果的产业化，也提升了企业的技术创新能力。

3.4.2 人工智能与数据驱动的决策支持

技术经理人的能力如何随着科技的飞速发展是一个值得讨论的长期课题。其中，智能工具的应用可为技术经理人提供强大的决策支持。一方面，利用人工智能预测技术商业化风险，成为技术经理人评估项目可行性的重要手段。例如，基于历史数据构建市场准入成功率模型，可以帮助技术经理人更准确地预测新技术或新产品在市场上的表现，从而做出更明智的决策。另一方面，区块链技术的引入可确保技术转移过程的可追溯性与透明度。通过区块链技术，技术经理人可以实时追踪技术转移的各个环节，确保技术交易的公平、公正和合法，为技术合作双方提供有力保障。

在全球化背景下，技术经理人还需要具备全球化与本地化的平衡能力。不同地区的市场环境、政策法规和文化差异，对技术经理人的决策制定提出了更高要求。技术经理人需要深入理解区域差异，如欧洲的碳税政策与东南亚的非正规回收体系等，并根据这些差异制定适应性的策略。这要求技术经理人不仅需要具备国际视野，还需要具备深厚的本土知识和实践经验，以便在全球化与本地化之间找到最佳平衡点。

3.4.3 从个体到生态的网络化协作

为了推动技术经理人的全球化发展，网络化协作是必然趋势。推动全球性的技术经理人组织的形成和发展，可为技术经理人提供一个国际交流与合作的平台。该组织可以制定职业标准与伦理准则，规范技术经理人的职业行为，提升整个行业的专业水平和声誉。该组织还可帮助不同地区的技术经理人提升专业技能和实践经验，促进全球技术经理人的共同发展。

另外，开源创新社区的建立也是网络化协作的重要组成部分。鼓励技术方案开源共享，可以加速全球技术的扩散与应用。如将酶解聚工艺参数数据库开源共享，可以让更多的技术经理人和研发人员了解这一先进工艺的技术细节和参数设置，从而推动该技术在全球范围内得到广泛应用。

高分子循环经济的实现，本质是一场由技术驱动、政策引导、市场响应的系统变革。技术经理人作为这一变革的“催化剂”，其价值不仅在于技术转化效率的提升，更在于其能够构建多方共识、化解利益冲突、推动公平转型。

通过产学研协同机制的优化，无论是德国的 Fraunhofer 模式还是北美的创新中心，技术经理人的培养应从“边缘尝试”走向“体系化建设”。未来，随着全球循环经济网络的深化，技术经理人将成为跨越国界、学科与文化的“创新使者”，为地球资源的可持续利用书写新范式。在这一进程中，教育体系的责任不仅是传授知识，更是培育一种融合科学理性、商业智慧与生态良知的新文明基因。

4　小结：高分子循环经济的人才矩阵

高分子循环学科的建立，本质上是应对资源循环需求的教育革命，其核心目标在于通过系统化的教育体系，培养兼具纵向专业深度与横向跨学科广度的复合型人才。为实现这一目标，教育体系需围绕“T 型能力模型”构建多维度的培养框架。

4.1　课程模块的整合设计是构建学科知识体系的基础

基础理论模块聚焦高分子化学、物理与循环经济原理，结合生命周期评价（LCA）与物质流分析（MFA）工具，使学生掌握从材料合成到再生利用的全链条知识。实践平台的协同作用是将理论转化为实际能力的关键支撑。校企联合实验室、产业孵化器与国际交流网络构成实践教育的三大支柱，形成从实验室到产业化的递进路径。应注意的是，伦理责任与可持续发展观是贯穿于教育体系的价值主线。价值观的培养，使复合型人才在专业能力之外，兼具生态良知与人文关怀，从而为循环经济的公平转型提供智力与道德双重保障。

4.2 化学再造应作为高分子循环学科的核心枢纽

化学再造理念突破了传统回收技术的局限性，其本质是通过多学科深度融合实现混合废弃高分子向高值材料的直接转化。化学再造的学科交叉性与复杂性决定了其技术路径的系统性重构。在技术维度上，化学再造需整合高分子化学（如催化解聚的分子设计）、材料工程（如多孔泡沫的结构优化）与环境科学（如污染物迁移的生态风险分析）等多领域知识。系统性思维颠覆了传统单一学科的研究范式，推动循环经济从线性技术研发转向多目标协同优化。学科发展的挑战与突破路径指向了未来研究的核心方向。当前，化学再造面临知识碎片化、学术评价体系僵化及产业链路径依赖等障碍。通过技术、制度与教育体系的协同创新，化学再造有望突破现有桎梏，成为高分子循环经济范式转型的核心驱动力。

4.3 技术经理人作为产学研协同创新的枢纽

人才是连接实验室前沿技术与产业化落地的关键角色，其能力模型与培养路径的优化直接决定高分子循环技术的转化效率。依托高分子循环专业培养技术经理人，可加速学科的进步和产业的形成。

高分子循环学科的教育体系与人才培养是一场融合科学理性、工程实践与社会责任的系统性变革。通过“T 型能力模型”的复合型人才、化学再造的交叉学科建设及技术经理人的协同网络，本篇为资源循环经济提供了理论框架与实践路径。未来，随着人工智能、区块链等技术的深入渗透，高分子循环科学有望重塑全球材料利用范式，推动人类迈向真正的可持续文明。在这一进程中，教育不仅是知识传递的工具，更是培育新文明基因的摇篮。

附 录

发展新质生产力是推动高质量发展的内在要求和重要着力点

习近平

今天进行二十届中央政治局第十一次集体学习，内容是扎实推进高质量发展，目的是结合学习贯彻党的二十大和中央经济工作会议精神，总结新时代高质量发展成就，分析存在的突出矛盾和问题，探讨改进措施，推动高质量发展取得新进展新突破。

党的十八大以来，我们全面贯彻新发展理念，不断深化对我国经济发展阶段性特征和规律的认识，更加强调发展的高质量，党的十九大报告宣告“我国经济已由高速增长阶段转向高质量发展阶段”，党的二十大报告强调“高质量发展是全面建设社会主义现代化国家的首要任务”。新时代以来，党中央作出一系列重大决策部署，推动高质量发展成为全党全社会的共识和自觉行动，高质量发展成为主旋律。近年来，我国科技创新成果丰硕，创新驱动发展成效日益显现；城乡区域发展协调性、平衡性明显增强；改革开放全面深化，发展动力活力竞相迸发；绿色低碳转型成效显著，发展方式转变步伐加快，高质量发展取得明显成效。

同时，制约高质量发展因素还大量存在。从外部环境看，世界百年未有之大变局全方位、深层次加速演进。从内在条件看，我国一些领域关键核心技术受制于人的局面尚未根本改变，城乡区域发展和收入分配差距依然较大，掣肘经济社会高质量发展。从工作推进情况看，有的领导干部认识不到位，实际工作中一遇到矛盾和困难又习惯性回到追求粗放扩张、低效发展的老路上；有的领导干部观念陈旧，名曰推动高质量发展，实际上“新瓶装旧酒”；有的领导干部能力不足，面对国内外新环境新挑战，不知如何推动高质量发展，等等。对这些问题，要高度重视，切实解决。我们必须牢记高质量发展是新时代的硬道理，完整、准确、全面贯彻新发展理念，把加快建设现代化经济体系、推进高水平科技自立自强、加快构建新发展格局、统筹推进深层次改革和高水平开放、统筹高质量发展和高水平安全等战略任务落实到位，完善推动高质量发展的考核评价体系，为推动高质量发展打牢基础。

发展新质生产力是推动高质量发展的内在要求和重要着力点。这里，我重点就此谈一些认识。

去年 7 月以来，我在四川、黑龙江、浙江、广西等地考察调研时，提出要整合科技创新资源，引领发展战略性新兴产业和未来产业，加快形成新质生产力。12 月中旬，在中央经济工作会议上，我又提出要以科技创新推动产业创新，特别是以颠覆性技术和前沿技术催生新产业、新模式、新动能，发展新质生产力。我提出新质生产力这个概念和发展新质生产力这个重大任务，主要考虑是：生产力是人类社会发展的根本动力，也是一切社会变迁和政治变革的终极原因。高质量发展需要新的生产力理论来指导，而新质生产力已经在实践中形成并展示出对高质量发展的强劲推动力、支撑力，需要我们从理论上进行总结、概括，用以指导新的发展实践。

什么是新质生产力、如何发展新质生产力？我一直在思考，也注意到学术界的一些研究成果。概括地说，新质生产力是创新起主导作用，摆脱传统经济增长方式、生产力发展路径，具有高科技、高效能、高质量特征，符合新发展理念的先进生产力质态。它由技术革命性突破、生产要素创新性配置、产业深度转型升级而催生，以劳动者、劳动资料、劳动对象及其优化组合的跃升为基本内涵，以全要素生产率大幅提升为核心标志，特点是创新，关键在质优，本质是先进生产力。

新质生产力的显著特点是创新，既包括技术和业态模式层面的创新，也包括管理和制度层面的创新。必须继续做好创新这篇大文章，推动新质生产力加快发展。

第一，大力推进科技创新。新质生产力主要由技术革命性突破催生而成。科技创新能够催生新产业、新模式、新动能，是发展新质生产力的核心要素。这就要求我们加强科技创新特别是原创性、颠覆性科技创新，加快实现高水平科技自立自强。要深入实施科教兴国战略、人才强国战略、创新驱动发展战略，坚持“四个面向”，强化国家战略科技力量，有组织推进战略导向的原创性、基础性研究。要聚焦国家战略和经济社会发展现实需要，以关键共性技术、前沿引领技术、现代工程技术、颠覆性技术创新为突破口，充分发挥新型举国体制优势，打好关键核心技术攻坚战，使原创性、颠覆性科技创新成果竞相涌现，培育发展新质生产力的新动能。

第二，以科技创新推动产业创新。科技成果转化为现实生产力，表现形式为催生新产业、推动产业深度转型升级。因此，我们要及时将科技创新成果应用到具体产业和产业链上，改造提升传统产业，培育壮大新兴产业，布局建设未来产业，完善现代化产业体系。要围绕发展新质生产力布局产业链，推动短板产业补链、优势产业延链、传统产业升链、新兴产业建链，提升产业链供应链韧性和安全水平，保证产业体系自主可控、安全可靠。要围绕推进新型工业化和加快建设制造强国、质量强国、网络强国、数字中国等战略任务，科学布局科技创新、产业创新。要大力发展数字经济，促进数字经济和实体经济深度融合，打造具有国际竞争力的数字产业集群。要围绕建设农业强国目标，加大种业、农机等科技创新和创新成果应用，用创新科技推进现代农业发展，保障国家粮食安全。

第三，着力推进发展方式创新。绿色发展是高质量发展的底色，新质生产力本身就是绿色生产力。我们必须加快发展方式绿色转型，助力碳达峰碳中和。要牢固树立和践行绿水青山就是金山银山的理念，坚定不移走生态优先、绿色发展之路。加快绿色科技创新和先进绿色技术推广应用，做强绿色制造业，发展绿色服务业，壮大绿色能源产业，发展绿色低碳产业和供应链，构建绿色低碳循环经济体系。持续优化支持绿色低碳发展的经济政策工具箱，发挥绿色金融的牵引作用，打造高效生态绿色产业集群。同时，在全社会大力倡导绿色健康生活方式。

第四，扎实推进体制机制创新。生产关系必须与生产力发展要求相适应。发展新质生产力，必须进一步全面深化改革，形成与之相适应的新型生产关系。新质生产力既需要政府超前规划引导、科学政策支持，也需要市场机制调节、企业等微观主体不断创新，是政府"有形之手"和市场"无形之手"共同培育和驱动形成的。因此，要深化经济体制、科技体制等改革，着力打通束缚新质生产力发展的堵点卡点，建立高标准市场体系，创新生产要素配置方式，让各类先进优质生产要素向发展新质生产力顺畅流动。同时，要扩大高水平对外开放，为发展新质生产力营造良好国际环境。

第五，深化人才工作机制创新。要按照发展新质生产力要求，畅通教育、科技、人才的良性循环，完善人才培养、引进、使用、合理流动的工作机制。要根据科技发展新趋势，优化高等学校学科设置、人才培养模式，为发展新质生产力、推动高质量发展培养急需人才。要着力培养造就战略科学家、一流科技领军人才和创新团队，着力培养造就卓越工程师、大国工匠，加强劳动者技能培训，不断提高各类人才素质。

要健全要素参与收入分配机制，激发劳动、知识、技术、管理、资本和数据等生产要素活力，更好体现知识、技术、人才的市场价值，营造鼓励创新、宽容失败的良好氛围。

——习近平总书记2024年1月31日在二十届中央政治局第十一次集体学习时的讲话，发表于《求是》2024年第11期。

中共中央　国务院关于加快经济社会发展全面绿色转型的意见

（2024 年 7 月 31 日）

推动经济社会发展绿色化、低碳化，是新时代党治国理政新理念新实践的重要标志，是实现高质量发展的关键环节，是解决我国资源环境生态问题的基础之策，是建设人与自然和谐共生现代化的内在要求。为加快经济社会发展全面绿色转型，现提出如下意见。

一、总体要求

坚持以习近平新时代中国特色社会主义思想为指导，深入贯彻党的二十大和二十届二中、三中全会精神，全面贯彻习近平经济思想、习近平生态文明思想，完整准确全面贯彻新发展理念，加快构建新发展格局，坚定不移走生态优先、节约集约、绿色低碳高质量发展道路，以碳达峰碳中和工作为引领，协同推进降碳、减污、扩绿、增长，深化生态文明体制改革，健全绿色低碳发展机制，加快经济社会发展全面绿色转型，形成节约资源和保护环境的空间格局、产业结构、生产方式、生活方式，全面推进美丽中国建设，加快推进人与自然和谐共生的现代化。

工作中要做到：

——坚持全面转型。牢固树立绿水青山就是金山银山的理念，将绿色转型的要求融入经济社会发展全局，全方位、全领域、全地域推进绿色转型，构建人与自然生命共同体。

——坚持协同转型。充分考虑不同地区、不同行业的发展实际，坚持统筹推进与重点突破相结合，科学设定绿色转型的时间表、路线图、施工图，鼓励有条件的地区和行业先行探索。

——坚持创新转型。强化支撑绿色转型的科技创新、政策制度创新、商业模式创新，推进绿色低碳科技革命，因地制宜发展新质生产力，完善生态文明制度体系，为绿色转型提供更强创新动能和制度保障。

——坚持安全转型。统筹处理好发展和减排、整体和局部、当前和长远、政府和市场的关系，妥善防范化解绿色转型面临的内外部风险挑战，切实保障粮食能源安全、产业链供应链安全，更好保障人民群众生产生活。

主要目标是：到 2030 年，重点领域绿色转型取得积极进展，绿色生产方式和生活方式基本形成，减污降碳协同能力显著增强，主要资源利用效率进一步提升，支持绿色发展的政策和标准体系更加完善，经济社会发展全面绿色转型取得显著成效。到 2035 年，绿色低碳循环发展经济体系基本建立，绿色生产方式和生活方式广泛形成，减污降碳协同增效取得显著进展，主要资源利用效率达到国际先进水平，经济社会发展全面进入绿色低碳轨道，碳排放达峰后稳中有降，美丽中国目标基本实现。

二、构建绿色低碳高质量发展空间格局

（一）优化国土空间开发保护格局。健全全国统一、责权清晰、科学高效的国土空间规划体系，严守耕地和永久基本农田、生态保护红线、城镇开发边界三条控制线，优化各类空间布局。健全主体功能区制度体系，推进主体功能综合布局，细化主体功能区划分，完善差异化政策。加快建设以国家公园为主体、自然保护区为基础、各类自然公园为补充的自然保护地体系。加强生态环境分区管控。健全海洋资源开发保护制度，系统谋划海洋开发利用，推进陆海协同可持续发展。

（二）打造绿色发展高地。加强区域绿色发展协作，统筹推进协调发展和协同转型，打造绿色低碳高质量发展的增长极和动力源。推进京津冀协同发展，完善生态环境协同保护机制，支持雄安新区建设成为绿色发展城市典范。持续推进长江经济带共抓大保护，探索生态优先、绿色发展新路径。深入推进粤港澳大湾区建设和长三角一体化发展，打造世界级绿色低碳产业集群。推动海南自由贸易港建设、黄河流域生态保护和高质量发展。建设美丽中国先行区。持续加大对资源型地区和革命老区绿色转型的支持力度，培育发展绿色低碳产业。

三、加快产业结构绿色低碳转型

（三）推动传统产业绿色低碳改造升级。大力推动钢铁、有色、石化、化工、建材、造纸、印染等行业绿色低碳转型，推广节能低碳和清洁生产技术装备，推进工艺流程更新升级。优化产能规模和布局，持续更新土地、环境、能效、水效和碳排放等约束性标准，以国家标准提升引领传统产业优化升级，建立健全产能退出机制。合理提高新建、改扩建项目资源环境准入门槛，坚决遏制高耗能、高排放、低水平项目盲目上马。

（四）大力发展绿色低碳产业。加快发展战略性新兴产业，建设绿色制造体系和服务体系，不断提升绿色低碳产业在经济总量中的比重。加快培育有竞争力的绿色低碳企业，打造一批领军企业和专精特新中小企业。大力推广合同能源管理、合同节水管理、环境污染第三方治理等模式和以环境治理效果为导向的环境托管服务。推动文化产业高质量发展，促进文化和旅游深度融合发展。积极鼓励绿色低碳导向的新产业、新业态、新商业模式加快发展。到2030年，节能环保产业规模达到15万亿元左右。

（五）加快数字化绿色化协同转型发展。推进产业数字化智能化同绿色化的深度融合，深化人工智能、大数据、云计算、工业互联网等在电力系统、工农业生产、交通运输、建筑建设运行等领域的应用，实现数字技术赋能绿色转型。推动各类用户“上云、用数、赋智”，支持企业用数智技术、绿色技术改造提升传统产业。推动绿色低碳数字基础设施建设，推进既有设施节能降碳改造，逐步淘汰“老旧小散”设施。引导数字科技企业绿色低碳发展，助力上下游企业提高减碳能力。探索建立环境污染和气象灾害高效监测、主动预警、科学分析、智能决策系统。推进实景三维中国建设与时空信息赋能应用。

四、稳妥推进能源绿色低碳转型

（六）加强化石能源清洁高效利用。加强能源产供储销体系建设，坚持先立后破，推进非化石能源安全可靠有序替代化石能源，持续优化能源结构，加快规划建设新型能源体系。坚决控制化石能源消费，深入推动煤炭清洁高效利用，“十四五”时期严格合理控制煤炭消费增长，接下来5年逐步减少，在保障能源安全供应的前提下，重点区域继续实施煤炭消费总量控制，积极有序推进散煤替代。加快现役煤电机组节能降碳改造、灵活性改造、供热改造“三改联动”，合理规划建设保障电力系统安全所必需的调节性、支撑性煤电。加大油气资源勘探开发和增储上产力度，加快油气勘探开发与新能源融合发展。推进二氧化碳捕集利用与封存项目建设。

（七）大力发展非化石能源。加快西北风电光伏、西南水电、海上风电、沿海核电等清洁能源基地建设，积极发展分布式光伏、分散式风电，因地制宜开发生物质能、地热能、海洋能等新能源，推进氢能“制储输用”全链条发展。统筹水电开发和生态保护，推进水风光一体化开发。积极安全有序发展核电，保持合理布局和平稳建设节奏。到 2030 年，非化石能源消费比重提高到 25% 左右。

（八）加快构建新型电力系统。加强清洁能源基地、调节性资源和输电通道在规模能力、空间布局、建设节奏等方面的衔接协同，鼓励在气源可落实、气价可承受地区布局天然气调峰电站，科学布局抽水蓄能、新型储能、光热发电，提升电力系统安全运行和综合调节能力。建设智能电网，加快微电网、虚拟电厂、源网荷储一体化项目建设。加强电力需求侧管理。深化电力体制改革，进一步健全适应新型电力系统的体制机制。到 2030 年，抽水蓄能装机容量超过 1.2 亿千瓦。

五、推进交通运输绿色转型

（九）优化交通运输结构。构建绿色高效交通运输体系，完善国家铁路、公路、水运网络，推动不同运输方式合理分工、有效衔接，降低空载率和不合理客货运周转量。大力推进多式联运“一单制”、“一箱制”发展，加快货运专用铁路和内河高等级航道网建设，推进主要港口、大型工矿企业和物流园区铁路专用线建设，提高绿色集疏运比例，持续提高大宗货物的铁路、水路运输比重。优化民航航路航线，提升机场运行电动化智能化水平。

（十）建设绿色交通基础设施。提升新建车站、机场、码头、高速公路设施绿色化智能化水平，推进既有交通基础设施节能降碳改造提升，建设一批低碳（近零碳）车站、机场、码头、高速公路服务区，因地制宜发展高速公路沿线光伏。完善充（换）电站、加氢（醇）站、岸电等基础设施网络，加快建设城市智慧交通管理系统。完善城乡物流配送体系，推动配送方式绿色智能转型。深入实施城市公共交通优先发展战略，提升公共交通服务水平。加强人行步道和自行车专用道等城市慢行系统建设。

（十一）推广低碳交通运输工具。大力推广新能源汽车，推动城市公共服务车辆电动化替代。推动船舶、航空器、非道路移动机械等采用清洁动力，加快淘汰老旧运输工具，推进零排放货运，加强可持续航空燃料研发应用，鼓励净零排放船用燃料研发生产应用。到 2030 年，营运交通工具单位换算周转量碳排放强度比 2020 年下降 9.5% 左右。到 2035 年，新能源汽车成为新销售车辆的主流。

六、推进城乡建设发展绿色转型

（十二）推行绿色规划建设方式。在城乡的规划、建设、治理各环节全面落实绿色转型要求。倡导绿色低碳规划设计理念，严守城镇开发边界，控制新增建设用地过快增长，保护和修复绿地、水域、湿地等生态空间，合理规划噪声敏感建筑物集中区域。推进气候适应型城市建设，增强城乡气候韧性。推广绿色建造方式，优先选用绿色建材，深化扬尘污染综合治理。

（十三）大力发展绿色低碳建筑。建立建筑能效等级制度。提升新建建筑中星级绿色建筑比例，推动超低能耗建筑规模化发展。加快既有建筑和市政基础设施节能节水降碳改造，推广先进高效照明、空调、电梯等设备。优化建筑用能结构，推进建筑光伏一体化建设，推动“光储直柔”技术应用，发展清洁低碳供暖。

（十四）推动农业农村绿色发展。实施农业农村减排固碳行动，优化种养结构，推广优良作物畜禽品种和绿色高效栽培养殖技术，推进化肥、农药等农业投入品减量增效。建立健全秸秆、农膜、农药包装废弃物、畜禽粪污等农业废弃物收集利用处理体系，加强秸秆禁烧管控。深入推进农村人居环境整治提升，培育乡村绿色发展新产业新业态。因地制宜开发利用可再生能源，有序推进农村地区清洁取暖。

七、实施全面节约战略

（十五）大力推进节能降碳增效。高水平、高质量抓好节能工作，推动重点行业节能降碳改造，加快设备产品更新换代升级。构建碳排放统计核算体系，加强固定资产投资项目节能审查，探索开展项目碳排放评价，严把新上项目能耗和碳排放关。推动企业建立健全节能降碳管理机制，推广节能降碳“诊断＋改造”模式，强化节能监察。

（十六）加强资源节约集约高效利用。完善资源总量管理和全面节约制度，加强水、粮食、土地、矿产等各类资源的全过程管理和全链条节约。落实水资源刚性约束制度，发展节水产业，加强非常规水源利用，建设节水型社会。落实反食品浪费法，健全粮食和食物节约长效机制，开展粮食节约行动。落实最严格的耕地保护制度和土地节约集约利用制度，推广节地技术和节地模式，优化存量土地开发利用，提升海域空间利用效率。加强矿产资源勘查、保护和合理开发，提高开采效率，加强低品位资源利用。

（十七）大力发展循环经济。深入推进循环经济助力降碳行动，推广资源循环型生产模式，大力发展资源循环利用产业，推动再制造产业高质量发展，提高再生材料和产品质量，扩大对原生资源的替代规模。推进生活垃圾分类，提升资源化利用率。健全废弃物循环利用体系，强化废弃物分类处置和回收能力，提升再生利用规模化、规范化、精细化水平。到2030年，大宗固体废弃物年利用量达到45亿吨左右，主要资源产出率比2020年提高45%左右。

八、推动消费模式绿色转型

（十八）推广绿色生活方式。大力倡导简约适度、绿色低碳、文明健康的生活理念和消费方式，将绿色理念和节约要求融入市民公约、村规民约、学生守则、团体章程等社会规范，增强全民节约意识、环保意识、生态意识。开展绿色低碳全民行动，引导公众节约用水用电、反对铺张浪费、推广“光盘行动”、抵制过度包装、减少一次性用品使用，引导公众优先选择公共交通、步行、自行车等绿色出行方式，广泛开展爱国卫生运动，推动解决噪声、油烟、恶臭等群众身边的环境问题，形成崇尚生态文明的社会氛围。

（十九）加大绿色产品供给。引导企业开展绿色设计、选择绿色材料、推行绿色制造、采用绿色包装、开展绿色运输、回收利用资源，降低产品全生命周期能源资源消耗和生态环境影响。建立健全绿色产品设计、采购、制造标准规范，加强绿色产品认证与标识体系建设，完善能效、水效标识制度，建立产品碳足迹管理体系和产品碳标识认证制度。加强绿色产品和服务认证管理，完善认证机构监管机制，培育具有国际影响力的绿色认证机构。

（二十）积极扩大绿色消费。健全绿色消费激励机制。优化政府绿色采购政策，拓展绿色产品采购范围和规模，适时将碳足迹要求纳入政府采购。引导企业执行绿色采购指南，鼓励有条件的企业建立绿色供应链，带动上下游企业协同转型。支持有条件的地区通过发放消费券、绿色积分等途径，鼓励企业采取“以旧换新”等方式，引导消费者购买绿色产品。开展新能源汽车和绿色智能家电、节水器具、节能灶具、绿色建材下乡活动，加强配套设施建设和售后服务保障。鼓励用户扩大绿色能源消费。

九、发挥科技创新支撑作用

（二十一）强化应用基础研究。建立前沿引领技术、颠覆性技术的预测、发现、评估和预警机制，适度超前布局国家重大科研基础设施，组建一批全国重点实验室和国家创新平台，实施一批国家重大前沿科技项目，着力加强绿色低碳领域应用基础研究，激发颠覆性技术创新。创新人才培养模式，优化高校学科专业设置，夯实绿色转型智力基础。

（二十二）加快关键技术研发。推进绿色低碳科技自立自强，将绿色转型相关技术作为国家重点研发计划相关重点专项的重要支持方向，聚焦能源绿色低碳转型、低碳零碳工艺流程再造、新型电力系统、二氧化碳捕集利用与封存、资源节约集约与循环利用、新污染物治理等领域，统筹强化关键核心技术攻关。强化企业科技创新主体地位，支持龙头企业牵头组建关键核心技术攻关联合体，加大对中小企业绿色低碳技术研发的资助力度，鼓励各类所有制企业参与相关国家科技计划。

（二十三）开展创新示范推广。发挥创新对绿色转型的关键引领作用。开展多层次试点，推进工业、能源、交通运输、城乡建设、农业等重点领域减污降碳协同增效。实施绿色低碳先进技术示范工程，加快先进适用技术示范应用和推广。完善绿色低碳技术评估、交易体系和科技创新服务平台，探索有利于绿色低碳新产业新业态发展的商业模式，加强绿色低碳技术知识产权创造、保护、运用，激发全社会创新活力。

十、完善绿色转型政策体系

（二十四）健全绿色转型财税政策。积极构建有利于促进绿色低碳发展和资源高效利用的财税政策体系，支持新型能源体系建设、传统行业改造升级、绿色低碳科技创新、能源资源节约集约利用和绿色低碳生活方式推广等领域工作。落实环境保护、节能节水、资源综合利用、新能源和清洁能源车船税收优惠。完善绿色税制，全面推行水资源费改税，完善环境保护税征收体系，研究支持碳减排相关税收政策。

（二十五）丰富绿色转型金融工具。延长碳减排支持工具实施年限至 2027 年年末。研究制定转型金融标准，为传统行业领域绿色低碳转型提供合理必要的金融支持。鼓励银行在合理评估风险基础上引导信贷资源绿色化配置，有条件的地方可通过政府性融资担保机构支持绿色信贷发展。鼓励地方政府通过多种方式降低绿色债券融资成本。积极发展绿色股权融资、绿色融资租赁、绿色信托等金融工具，有序推进碳金融产品和衍生工具创新。发展绿色保险，探索建立差别化保险费率机制。

（二十六）优化绿色转型投资机制。创新和优化投资机制，鼓励各类资本提升绿色低碳领域投资比例。中央预算内投资对绿色低碳先进技术示范、重点行业节能降碳、资源高效循环利用、环境基础设施建设等领域重点项目积极予以支持。引导和规范社会资本参与绿色低碳项目投资、建设、运营，鼓励社会资本以市场化方式设立绿色低碳产业投资基金。支持符合条件的新能源、生态环境保护等绿色转型相关项目发行基础设施领域不动产投资信托基金（REITs）。

（二十七）完善绿色转型价格政策。深化电力价格改革，完善鼓励灵活性电源参与系统调节的价格机制，实行煤电容量电价机制，研究建立健全新型储能价格形成机制，健全阶梯电价制度和分时电价政策，完善高耗能行业阶梯电价制度。完善居民阶梯水价、非居民用水及特种用水超定额累进加价政策，推进农业水价综合改革。支持地方完善收费模式，推进生活垃圾处理收费方式改革，建立城镇生活垃圾分类和减量激励机制。

（二十八）健全绿色转型市场化机制。健全资源环境要素市场化配置体系，完善交易制度规范及登记、出让、转让、抵押等配套制度，探索基于资源环境权益的融资工具。健全横向生态保护补偿机制，完善生态产品价值实现机制。推进全国碳排放权交易市场和温室气体自愿减排交易市场建设，健全法规制度，适时有序扩大交易行业范围。完善绿色电力证书交易制度，加强绿电、绿证、碳交易等市场化机制的政策协同。

（二十九）构建绿色发展标准体系。建立碳达峰碳中和标准体系，推进基础通用标准及碳减排、碳清除相关标准制定修订，制定企业碳排放和产品碳足迹核算、报告、核查等标准。加快节能标准更新升级，提升重点产品能耗限额要求，扩大能耗限额标准覆盖范围。完善可再生能源标准体系和工业绿色低碳标准体系，建立健全氢能“制储输用”标准。

十一、加强绿色转型国际合作

（三十）参与引领全球绿色转型进程。秉持人类命运共同体理念，积极参与应对气候变化、海洋污染治理、生物多样性保护、塑料污染治理等领域国际规则制定，推动构建公平合理、合作共赢的全球环境气候治理体系。推动落实全球发展倡议，加强南南合作以及同周边国家合作，在力所能及范围内为发展中国家提供支持。

（三十一）加强政策交流和务实合作。拓展多双边对话合作渠道，加强绿色发展领域的多边合作平台建设，大力宣传中国绿色转型成效，积极借鉴国际经验。加强绿色投资和贸易合作，推进“绿色丝绸之路”建设，深化与有关国家务实合作，提高境外项目环境可持续性，鼓励绿色低碳产品进出口。加强绿色技术合作，鼓励高校、科研机构与外方开展学术交流，积极参与国际大科学工程。加强绿色标准与合格评定国际合作，参与相关国际标准制定修订，推动与主要贸易伙伴在碳足迹等规则方面衔接互认。

十二、组织实施

（三十二）坚持和加强党的全面领导。在党中央集中统一领导下，加快推进经济社会发展全面绿色转型，把党的领导贯彻到工作的全过程和各方面。各地区各部门要明确本地区本部门绿色转型的重点任务，结合实际抓好本意见贯彻落实。各相关单位、人民团体、社会组织要积极推进本领域绿色转型工作。国家发展改革委要加强统筹协调，会同有关部门建立能耗双控向碳排放双控全面转型新机制，制定实施碳达峰碳中和综合评价考核制度，科学开展考核，加强评价考核结果应用。重要情况及时按程序向党中央、国务院请示报告。

（三十三）加强法治保障。各有关单位要加快推进生态环境法典和能源法、节约能源法、电力法、煤炭法、可再生能源法、循环经济促进法等法律法规制定修订工作，研究制定应对气候变化和碳达峰碳中和专项法律。落实民法典绿色原则，引导民事主体节约能源资源、保护生态环境。健全行政执法与刑事司法衔接机制。依法开展生态环境损害赔偿诉讼、生态环境和资源保护领域公益诉讼，完善生态环境损害赔偿和修复机制。

参考文献

[1] Staudinger, H. Über Polymerisation[J]. Berichte der deutschen chemischen Gesellschaft（A and B Series）, 1920, 53（6）：1073-1085.

[2] Geyer, R., J.R. Jambeck, K.L. Law. Production, use, and fate of all plastics ever made[J]. Science Advances, 2017, 3（7）.

[3] Novamont. Company history[EB/OL]. 2025-04-03.

[4] Grüne-Punkt. Company introduction[EB/OL]. 2025-4-3.

[5] Braskem. Product lines[EB/OL]. 2025-04-03.

[6] Circularise. Digital product passports for ESPR compliance[EB/OL]. 2025-04-03.

[7] The United Nations Environment Programme（UNEP）. Emissions Gap Report 2023：Broken Record[R]. Nairobi：The United Nations, 2023.

[8] 本书编写组 . 新中国经济简史（1949—2024）[M]. 北京：经济科学出版社，2024.

[9] 中国合成橡胶工业协会 . 中国合成橡胶工业化发展大事记（一）[EB/OL]. 2025-04-25.

[10] 百创说 . 中国塑料工业 70 年发展回顾与展望 [EB/OL]. 2025-04-25.

[11] 刘宏焘 . 20 世纪 70 年代的环境污染调查与中国环保事业的起步 [J]. 当代中国史研究，2015，22（4）：68-80，126-127.

[12] 郭满天 ."数" 说工业化：中国乙烯工业是如何发展起来的 [EB/OL]. 2025-04-26.

[13] 刘建丽 . 新中国利用外资 70 年：历程、效应与主要经验 [J]. 管理世界，2019，35（11）：19-37.

[14] 刘明宇，郑旭，强丽媛，等 . 1994—2020 年中国农用薄膜使用量变化与农膜微塑料污染现状分析 [J]. 生态环境学报，2023，32（11）：2050-2061.

[15] 李正西 . ABS 树脂的国内市场分析 [J]. 化工设计，1999（1）：58-62，5.

[16] 仇国贤，王登飞 . 提升我国聚乙烯生产技术水平——记多功能气相聚乙烯钛系催化剂的关键突破与工业应用项目 [N]. 中国化工报，2023-01-13.

[17] 李宏伟，许晓东．发展我国通用工程塑料生产势在必行 [J]. 化工技术经济，1999（2）：11–13.

[18] 中国塑料加工工业协会．中国塑料制品业现状与市场前景分析 [EB/OL]. 2025-04-28.

[19] 王村．中国合成树脂行业竞争力急需提高 [J]. 中国石油和化工，2005（11）：69–75.

[20] 刘殿栋．我国石油和化工行业进出口贸易分析 [J]. 化学工业，2021，39（3）：1–9.

[21] 吴骏燕，谢建斌，张季恺．化工系列研究（二）：从工艺路线到利润分配，解析 PX 产业格局 [R]. 常州：东海证券，2023.

[22] 张鑫．EVA 胶膜行业市场现状及竞争格局分析，全球胶膜需求稳定增长 [R]. 苏州：华经产业研究院，2020.

[23] 言九．2023 年中国 EVA 行业供需现状、市场竞争格局及发展趋势分析 [R]. 苏州：华经产业研究院，2023.

[24] 乔志．2025 年锂电隔膜行业市场规模及主要企业市占率分析报告 [R]. 北京：智研咨询，2025.

[25] 任明杰，张鹏飞，李嫒嫒．万华化学董事长廖增太：紧抓人工智能机遇，打造第二增长曲线 [N]. 中国证券报，2024-08-13（A04）.

[26] 中国石油和化工网．POE 树脂在光伏产业中的市场前景 [EB/OL]. 2025-03-11.

[27] 张晨，刘甲秋，李军，等．复合材料在商用大飞机上的应用现状 [J]. 纤维复合材料，2024，41（4）：77–82.

[28] 李波．2025 年中国光刻胶市场：国产光刻胶“破壁之战”，日美垄断铁幕下的中国行业突围实录 [R]. 深圳：中研普华管理咨询有限公司，2025.

[29] European Commission. Carbon Border Adjustment Mechanism [EB/OL]. 2025-05-30.

[30] 李安妹，刘丽娜．网络集群模式托起墨西哥湾“化工航母” [J]. 群众，2020（6）：64–66.

[31] 陈建文．页岩气和乙烷裂解行业深度报告 乙烷裂解：原料供应无需担忧，成本竞争力依然最佳 [R]. 深圳：平安证券，2020.

[32] 高分子循环再利用．21 亿美元！伊士曼成为全球最大聚酯化学回收企业 [EB/OL]. 2024-11-21.

[33] Perc Pineda. The U.S. Plastics Industry in 2022 in Seven Charts[R]. Washington, DC: Plastic Industry Association, 2023.

[34] Plastics Industry Association. Size and Impact of the Plastics Industry on the U.S.: 2024[R]. Washington, DC: Plastic Industry Association, 2024.

[35] Leonardo Trasande, Roopa Krithivasan, Kevin Park, et al. Chemicals Used in Plastic Materials: An Estimate of the Attributable Disease Burden and Costs in the United States[J]. Journal of the Endocrine Society, 2024, 8(2).

[36] 中国化工信息周刊. 我国乙烯产能将达 8 387 万吨/年 [EB/OL]. 中国化工信息周刊, 2024, 10(28).

[37] 链塑网. 万华化学 2024 年盈利 130.33 亿元　主要产品销售收入保持增长 [EB/OL]. 2025-03-18.

[38] 王永, 邢晓亮. 上海化工区: 奋进十年建成世界一流化工园区 [N]. 中国化工报, 2022-09-30.

[39] WELINK 化工. 2024 年最依赖进口的 10 种高端聚合物材料 [EB/OL]. 2025-05-30.

[40] 高分子循环再利用. Plastic Energy: 化学裂解可减排最高达 89%[EB/OL].2025-02-06.

[41] 中国石化报. 镇海炼化生物航煤规模化生产取得新突破 [EB/OL].2023-12-22.

[42] 韦伯咨询. 2024 年中国垃圾分类及处理行业专题调研与深度分析报告 [R]. 深圳: 韦伯咨询, 2024.

[43] 赵迪, 何彦旻, 王泗通, 等. 塑料资源回收处理的循环体系构建——中日塑料瓶处理的比较研究 [J]. 环境社会学, 2024(2): 170-195, 227-228.

[44] Yuan Chen, Abhishek Kumar Awasthi, Fan Wei, et al. Single-use plastics: Production, usage, disposal, and adverse impacts[J]. Science of the Total Environment, 2021, 752: 141772.

[45] The United Nations Environment Programme (UNEP). Single-use plastics: A roadmap for sustainability[R]. Nairobi: The United Nations, 2018.

[46] 中国物资再生协会. 2024 中国再生资源回收行业发展报告 [J]. 资源再生, 2024(7): 27-38.

[47] 安淇，卢素锦 . 全球塑料垃圾的生产与流向 [J]. 生态经济，2025，41（4）：1-4.

[48] Muhammad Reza Cordova，Intan Suci Nurhati，Akihiro Shiomoto，et al. Show more Spatiotemporal macro debris and microplastic variations linked to domestic waste and textile industry in the supercritical Citarum River，Indonesia[J]. Marine Pollution Bulletin，2022，175：113338.

[49] Astha Singh，Brijesh Kumar Mishra. Microbeads in personal care products：An overlooked environmental concern[J]. Journal of Cleaner Production，2023，427：139082.

[50] 李红岩，张海峰，李洁，等 . 饮用水中微塑料污染研究进展 [J]. 净水技术，2019，38（7）：7-12.

[51] 孙承君，蒋凤华，李景喜，等 . 海洋中微塑料的来源、分布及生态环境影响研究进展 [J]. 海洋科学进展，2016，34（4）：449-461.

[52] Kellie Boyle，Banu Örmeci. Microplastics and Nanoplastics in the Freshwater and Terrestrial Environment：A Review[J]. Water，2020，12（9）：2633.

[53] Angelo Massos，Andrew Turner. Cadmium，lead and bromine in beached microplastics[J]. Environmental Pollution，2017，227：139-145.

[54] Xiaoying Guo，Xilong Wang，Xinzhe Zhou，et al. Sorption of Four Hydrophobic Organic Compounds by Three Chemically Distinct Polymers：Role of Chemical and Physical Composition[J]. Environmental Science & Technology，2012，46（13）：7252-7259.

[55] I. Velzeboer，C. J. A. F. Kwadijk，A. A. Koelmans. Strong Sorption of PCBs to Nanoplastics，Microplastics，Carbon Nanotubes，and Fullerenes[J]. Environmental Science & Technology，2014，48（9）：4869-4876.

[56] Christiane Zarfl，Michael Matthies. Are marine plastic particles transport vectors for organic pollutants to the Arctic?[J]. Marine Pollution Bulletin，2010，60（10）：1810-1814.

[57] 田坤明，陈秋 . 不同粒径微塑料颗粒亚急性染毒对雄性小鼠生殖毒性的影响 [J]. 毒理学杂志，2020，34（6）：492-496.

[58] Peter Wick, Antoine Malek, Pius Manser, et al. Barrier Capacity of Human Placenta for Nanosized Materials[J]. Environmental Health Perspectives, 2010, 118(3): 432-436.

[59] 张悦，袁骐，蒋玫，等 . 邻苯二甲酸酯类毒性及检测方法研究进展 [J]. 环境化学，2019, 38(5): 1035-1046.

[60] Wang Liu, Yaqian Zhao, Ziyue Shi, et al. Ecotoxicoproteomic assessment of microplastics and plastic additives in aquatic organisms: A review[J]. Comparative Biochemistry and Physiology D-Genomics & Proteomics, 2020, 36: 100713.

[61] Hwang Lee, Da-Eun Byun, Ju Min Kim, Jung-Hwan Kwon. Desorption of Hydrophobic Organic Chemicals from Fragment-Type Microplastics[J]. Ocean Science Journal, 2018, 53(4): 631-639.

[62] 张琳，田英，杨先丰，等 . 上海市某医院新生儿脐带血中多溴联苯醚水平及其对出生结局的影响 [J]. 中华预防医学杂志，2011, 45(6): 490-493.

[63] Yiqin Chen, Xianyu Wang, Yan Li, et al. Persistent organic pollutants in matched breast milk and infant faeces samples[J]. Chemosphere, 2015, 118: 309-314.

[64] 徐奔拓，吴明红，徐刚 . 生物体中多溴联苯醚（PBDEs）的分布及毒性效应 [J]. 上海大学学报（自然科学版），2017, 23(2): 235-243.

[65] Yasuhiro Ishihara, Mizuo Kajino, Yoko Iwamoto, et al. Impact of Artificial Sunlight Aging on the Respiratory Effects of Polyethylene Terephthalate Microplastics through Degradation-Mediated Terephthalic Acid Release in Male Mice[J]. Toxicological Sciences, 2024, 203(2): 242-252.

[66] Anna Rita Fetoni, Fabiola Paciello, Rolando Rolesi, et al. Styrene targets sensory and neural cochlear function through the crossroad between oxidative stress and inflammation[J]. Free Radical Biology and Medicine, 2021, 163: 31-42.

[67] Yanping Zhao, Ruxia Qiao, Siyuan Zhang, et al. Metabolomic profiling reveals the intestinal toxicity of different length of microplastic fibers on zebrafish (Danio rerio)[J]. Journal of Hazardous Materials, 2021, 403: 123663.

[68] Jun Wang, Mingyi Zheng, Lin Lu, et al. Adaptation of life-history traits and trade-offs in marine medaka (*Oryzias melastigma*) after whole life-cycle exposure to polystyrene

microplastics[J]. Journal of Hazardous Materials, 2021, 414: 125537.

[69] Jozef Kučera, Noemi Púček Belišová, Tomáš Mackuľak, et al. Polystyrene Microparticles and the Functional Traits of Invertebrates: A Case Study on Freshwater Shrimp Neocardina heteropoda[J]. Fishes, 2022, 7(6): 323.

[70] Jin Il Kwak, Youn-Joo An. Microplastic digestion generates fragmented nanoplastics in soils and damages earthworm spermatogenesis and coelomocyte viability[J]. Journal of Hazardous Materials, 2021, 402: 124034.

[71] Aiyun Guo, Chengrong Pan, Xiangmiao Su, et al. Combined effects of oxytetracycline and microplastic on wheat seedling growth and associated rhizosphere bacterial communities and soil metabolite profiles[J]. Environmental Pollution, 2022, 302: 119046.

[72] Indrani Paul, Pritam Mondal, Dibyajyoti Haldar, et al. Beyond the cradle - Amidst microplastics and the ongoing peril during pregnancy and neonatal stages: A holistic review[J]. Journal of Hazardous Materials, 2024, 469: 133963.

[73] Jacky Bhagat, Liqing Zang, Norihiro Nishimura, et al. Application of omics approaches for assessing microplastic and nanoplastic toxicity in fish and seafood species[J]. Trac-Trends in Analytical Chemistry, 2022, 154: 116674.

[74] Bin Hu, Sha Wang, Jinbiao Yan, et al. Review of waste plastics treatment and utilization: Efficient conversion and high value utilization[J]. Process Safety and Environmental Protection, 2024, 183: 378-398.

[75] Ananya Kalita, Ankur Pan Saikia, Sunandan Baruah. A critical review on plastic waste administration[J]. Environmental Quality Management, 2023, 33(1): 457-471.

[76] Gihoon Kwon, Dong-Wan Cho, Juyeong Park, et al. A review of plastic pollution and their treatment technology: A circular economy platform by thermochemical pathway[J]. Chemical Engineering Journal, 2023, 464: 142771.

[77] Haixin Jiao, Sameh S. Ali, Mohammed Husssein M. Alsharbaty, et al. A critical review on plastic waste life cycle assessment and management: Challenges, research gaps, and future perspectives[J]. Ecotoxicology and Environmental Safety, 2024, 271:

115942.

[78] Tamer Elsamahy, Rania Al-Tohamy, Esraa A. Abdelkarim, et al. Strategies for efficient management of microplastics to achieve life cycle assessment and circular economy[J]. Environmental Monitoring and Assessment, 2023, 195(11): 1361.

[79] Hatem Alhazmi, Faris H. Almansour, Zaid Aldhafeeri. Plastic Waste Management: A Review of Existing Life Cycle Assessment Studies[J]. Sustainability, 2021, 13(10): 5340.

[80] 南博一，白雅静 . 调查：印度一焚烧厂倾倒垃圾灰烬，数百万人暴露于有毒烟尘中 [N]. 澎湃新闻，2024-11-13.

[81] Shuping Pan, Qi Yao, Wenxiang Cai, et al. Characterization of Dioxins and Heavy Metals in Chelated Fly Ash[J]. Energies, 2022, 15(13): 4868.

[82] 林亦东，曾绍波 . 生活垃圾焚烧烟气净化技术综述 [J]. 上饶师范学院学报，2022，42（6）：34-42.

[83] 陈佩，张乾生，陈祎 . 生活垃圾焚烧飞灰高温熔融玻璃化过程的影响因素研究 [J]. 广东化工，2023，50（11）：136-140.

[84] HJ/T 365—2007. 危险废物（含医疗废物）焚烧处置设施二噁英排放监测技术规范 [S]. 北京：中华人民共和国生态环境部，2007.

[85] 世界金属导报 . JFE、日本制铁、浦项、安赛乐米塔尔高炉煤气 CO_2 捕捉技术应用对比分析 [EB/OL]. 2022-05-31.

[86] 赵珍瑶 . 低温等离子体在垃圾焚烧烟气治理中的应用 [J]. 能源与环境，2020（2）：85-86.

[87] P.G.C. Nayanathara Thathsarani Pilapitiya, Amila Sandaruwan Ratnayake. The world of plastic waste: A review[J]. Cleaner Materials, 2024, 11: 100220.

[88] 环卫新观察 . 治理 1 m^3 垃圾需要 528 元，垃圾填埋到底有多“贵” [EB/OL]. 2023-03-18.

[89] Waste Advantage. Landfill Fires[EB/OL]. 2014-08-15.

[90] 生态环境部大气环境司 . 2018—2020 年全国恶臭 / 异味污染投诉情况分析（大气函〔2021〕17 号）[EB/OL]. 2021-08-02.

[91] The United Nations Environment Programme (UNEP). Global Methane Assessment: Benefits and Costs of Mitigating Methane Emissions[R]. Nairobi: The United Nations, 2021.

[92] Ben Gingold. Waste sites in residential areas linked to an increase in disease[EB/OL]. Planet Forward, 2025-02-05.

[93]《生活垃圾填埋场污染控制标准》修订编制组 .《生活垃圾填埋场污染控制标准(征求意见稿)》编制说明 [EB/OL]. 2022-02-28.

[94] Lee Jung-joo. Residents protest Seoul' s new waste incinerator site[N]. The Korea Herald, 2023-09-03.

[95] Christian Moretti, Lorie Hamelin, Line Geest Jakobsen, et al., Cradle-to-grave life cycle assessment of single-use cups made from PLA, PP and PET[J]. Resources Conservation and Recycling, 2021, 169: 105508.

[96] Sandeep Singh, Sandeep K. Malyan, Chinmay Maithani, et al. Microplastics in landfill leachate: Occurrence, health concerns, and removal strategies[J]. Journal of Environmental Management, 2023, 342: 118220.

[97] Ayodeji Amobonye, Prashant Bhagwat, Suren Singh, et al. Plastic biodegradation: Frontline microbes and their enzymes[J]. Science of the Total Environment, 2021, 759: 143536.

[98] World Economic Forum, Ellen MacArthur Foundation and McKinsey & Company. The New Plastics Economy: Rethinking the future of plastics (2016) [R]. Cowes: Ellen MacArthur Foundation and McKinsey & Company, 2016.

[99] 杨漾 . 联合国开发计划署呼吁循序渐进改革化石燃料补贴，兼顾公平 [N]. 澎湃新闻，2021-10-28.

[100] Walter Leal Filho, Ulla Saari, Mariia Fedoruk, et al. Viktoria Voronova e An overview of the problems posed by plastic products and the role of extended producer responsibility in Europe[J]. Journal of Cleaner Production, 2019, 214: 550-558.

[101] Kalyan Bhaskar, Rama Mohana, Rao Turaga. India's E-Waste Rules and Their Impact on E-Waste Management Practices: A Case Study[J]. Journal of Industrial Ecology, 2018, 22 (4): 930-942.

[102] 王泗通．城市生活垃圾分类的实践困境及其优化路径 [J]. 南华大学学报（社会科学版），2023，24（5）：80-85.

[103] Lotte Hallez，Bram Spruyt，Filip Boen，et al. How consumers value sustainable packaging：an experimental test combining packaging material，claim and price[J]. British Food Journal，2024，126（9）：3566-3583.

[104] Ed Cook，Nathalia Silva de Souza Lima Cano，Costas A. Velis. Informal recycling sector contribution to plastic pollution mitigation：A systematic scoping review and quantitative analysis of prevalence and productivity[J]. Resources Conservation and Recycling，2024，206：107588.

[105] Rachel Arthur. The journey to 100% rPET bottles[N]. Beverage Daily，2024-04-30.

[106] Chris Vedelago. REDcycle declared insolvent after handing plastic stockpile to supermarket giants[N]. The Sydney Morning Herald，2023-02-27.

[107] Alexander Bunjes，Jan-Hendrik Arndt，Guru Geertz，Bastian Barton. Characterization and chemometric modelling of mechanically recycled polypropylene for automotive manufacturing[J]. Polymer，2022，249：124823.

[108] Chenxingyu Duan，Zhen Wang，Bingzheng Zhou，et al. Global Polyethylene Terephthalate（PET）Plastic Supply Chain Resource Metabolism Efficiency and Carbon Emissions Co-Reduction Strategies[J]. Sustainability，2024，16（10）：3926.

[109] Jason Calaiaro. AI-Guided Robots Are Ready to Sort Your Recyclables[J]. IEEE Spectrum，2022.

[110] The Center for the Circular Economy and the NextGen Consortium. How AI Could Change the Way We Think About Recycling[EB/OL]. 2023-09-11.

[111] Paweł Piotr Cielecki，Michel Hardenberg，Georgiana Amariei，et al. Identification of black plastics with terahertz time-domain spectroscopy and machine learning[J]. Scientific Reports，2023，13（1）：22399.

[112] Adamantini Loukodimou，Christopher Lovell，George Theodosopoulos，et al. Delamination and Evaluation of Multilayer PE/Al/PET Packaging Waste Separated Using a Hydrophobic Deep Eutectic Solvent[J]. Polymers，2024，16（19）：2718.

[113] Sanja Jeremic, Jelena Milovanovic, Marija Mojicevic, et al. Understanding bioplastic materials–Current state and trends[J]. Journal of the Serbian Chemical Society, 2020, 85(12): 1507–1538.

[114] Ali Chamas, Hyunjin Moon, Jiajia Zheng, et al. Degradation Rates of Plastics in the Environment[J]. ACS Sustainable Chemistry & Engineering, 2020, 8(9): 3494–3511.

[115] Layla Filiciotto, Gadi Rothenberg. Biodegradable Plastics: Standards, Policies, and Impacts[J]. Chemsuschem, 2021, 14(1): 56–72.

[116] Demetres Briassoulis, Cyril Dejean, Pietro Picuno. Critical Review of Norms and Standards for Biodegradable Agricultural Plastics Part II: Composting[J]. Journal of Polymers and the Environment, 2010, 18(3): 364–383.

[117] European Bioplastics. Bioplastics market development update 2021[R]. Berlin: European Bioplastics, 2021.

[118] Alok Srivastava, Pooja Bhati, Shweta Singh, et al. A review on polylactic acid-based blends/composites and the role of compatibilizers in biomedical engineering applications[J]. Polymer Engineering and Science, 2024, 64(3): 1003–1044.

[119] Yueting Wu, Xing Gao, Jie Wu, et al. Biodegradable Polylactic Acid and Its Composites: Characteristics, Processing, and Sustainable Applications in Sports[J]. Polymers, 2023, 15(14): 3096.

[120] C.S. Reshma, S. Remya, J. Bindu. A review of exploring the synthesis, properties, and diverse applications of poly lactic acid with a focus on food packaging application[J]. International Journal of Biological Macromolecules, 2024, 283: 137905.

[121] 塑联网 . 吸管升级！星巴克推出由 PLA 和咖啡渣制成生物降解“渣渣管”[EB/OL]. 2021-04-26.

[122] 生物降解材料研究院 . 顺丰去年投放 6 251 万个降解快递袋，全国消耗多少吨 PBAT？[EB/OL]. 2023-04-27.

[123] 陈微 . 2025 年 PBAT 行业相关政策、产业链结构、竞争格局及行业发展趋势 [R].

苏州：华经产业研究院，2025.

[124] 杨智超，刘淑强，吴改红，等．可吸收手术缝合线研究进展 [J]. 纺织学报，2024，45（1）：230-239.

[125] Shanshan Feng，Yue Yue，Mingna Zheng，et al. IsPETase-and IsMHETase-Catalyzed Cascade Degradation Mechanism toward Polyethylene Terephthalate[J]. ACS Sustainable Chemistry & Engineering，2021，9（29）：9823-9832.

[126] Valentina Pirillo，Marco Orlando，Caren Battaglia，et al. Efficient polyethylene terephthalate degradation at moderate temperature：a protein engineering study of LC-cutinase highlights the key role of residue 243[J]. Febs Journal，2023，290（12）：3185-3202.

[127] Gwion B Williams，Hairong Ma，Anna N Khusnutdinova，et al. Harnessing extremophilic carboxylesterases for applications in polyester depolymerisation and plastic waste recycling[J]. Essays in Biochemistry，2023，67（4）：715-729.

[128] DT 新材料．三大酶解聚酯 PET 工厂签约落地 [EB/OL]. 2024-08-06.

[129] Enni Ruokamo，Milja Räisänen，Sari Kauppi. Consumer preferences for recycled plastics：Observations from a citizen survey[J]. Journal of Cleaner Production，2022，379：134720.

[130] Thomas Oiffer，Friedemann Leipold，Philipp Süss，et al. Chemo-Enzymatic Depolymerization of Functionalized Low-Molecular-Weight Polyethylene[J]. Angewandte Chemie-International Edition，2024，63（50）：e202415012.

[131] Renjing Jiang，Zhenrui Yue，Lanyu Shang，et al. PEZy-miner：An artificial intelligence driven approach for the discovery of plastic-degrading enzyme candidates[J]. Metabolic Engineering Communications，2024，19：e00248.

[132] 艾邦高分子．世界各国关于再生塑料的法规、政策和具体措施 [EB/OL]. 2024-12-26.

[133] 艾伦·麦克阿瑟基金会．新塑料经济全球承诺 5 年回顾报告：加速迈向零废弃塑料的未来——经验与总结 [R]. 北京：艾伦·麦克阿瑟基金会，2023.

[134] 摆脱塑缚行动．消费者如何看待重复使用？超六成愿为绿色溢价买单 [EB/OL].

2023-12-06.

[135] Manping Pan, Kun Xiao, Tian Tian, et al. Thermochemical Foaming of Mixed Single-Use Plastics Toward Flame Retardant Potential Foams[J]. ACS Sustainable Chemistry & Engineering, 2024, 12(2): 1151-1160.

[136] 王亮, 镇文静, 项欢欢 . 荷兰启动新一代高科技发展计划及对我国的启示 [J]. 华东科技, 2023(12): 83-87.

[137] 许艺苹, 林君妮, 包则庆 . 发达国家 / 组织产学研联合体典型案例对组建创新联合体的启示 [J]. 世界科技研究与发展, 2024: 1-9.

[138] 洪晔 . 滑铁卢大学 COOP 教育模式实践研究 [J]. 管理观察, 2015(33): 112-113, 117.